Kakteen und Sukkulenten

Yves-Marie Allain · Jean-François Doré

Kakteen und Sukkulenten

Richtig auswählen, vermehren und pflegen

GONDROM

Genehmigte Lizenzausgabe für den Gondrom Verlag GmbH, Bindlach 2005
Originaltitel: Découvrir et Réussir – Les Cactées et succulentes
Autoren: Yves-Marie Allain, Jean-François Doré

Redaktion dieser Ausgabe: Corinna Hoch, Patrick Grootveldt
Covergestaltung: © by Kraft & Partner, Leimen
Satz dieser Ausgabe: Redlich-Design, Weidenberg

Fotos: A. Descat (Seite 10, 31, 56, 66, 72, 73, 74, 91, 95, 106, 114), F. Didillon (Seite 16, 32, 81), A. Guerrier (Seite 46), Lamontagne (Seite 6–7, 12, 18, 20, 23, 24, 28, 37, 42, 44, 45, 49, 52, 63, 64, 76, 77, 78, 79, 89, 94, 96, 100–101, 103, 104, 116), R. Mage (Seite 13), N. und P. Mioulane (Seite 19, 90, 99), Noun (Seite 8), É. Ossart (Seite 50–51), A. Schreiner (Seite 11, 15, 22, 27, 58, 70, 75, 80, 83, 88, 92, 107, 111), J.-M. Solichon (Seite 53, 55, 57, 59, 60, 67, 68, 84, 97, 98, 108, 112, 113, 114, 115), F. Strauss (Seite 40–41, 69, 85, 87)
Zeichnungen: Joël Bordier

017

ISBN 3-8112-2608-8

5 4 3 2 1

www.gondrom-verlag.de

Inhalt

Einführung

Was sind Sukkulenten?

Sukkulenten oder dickfleischige Pflanzen, zu denen auch die Kakteen zählen, können lange Trockenperioden überstehen, denn sie sind in der Lage, in ihren Organen Wasser zu speichern. Sie haben sich den oft schwierigen Standortverhältnissen angepasst und mitunter seltsame Formen angenommen. Es gibt ungefähr 12 000 Sukkulentenarten, die etwa 30 botanischen Familien zugeordnet werden.

Bei einigen Sukkulenten, wie der Fetthenne, könnte man meinen, sie seien reich an Lipiden, öligen Substanzen und Fetten. Das Wort „fett" bezieht sich aber nur auf die Gestalt der Pflanzen und nicht auf den Inhalt ihrer Speicherorgane.

Begriffserklärungen

Sukkulenz bedeutet Wasserspeicherfähigkeit und Saftfülle. Pflanzen, die dazu befähigt sind, nennt man deshalb Sukkulenten. Ein Oberbegriff also, der sowohl auf die Familie der Dickblattgewächse (*Crassulaceae*) als auch auf die Kakteen (*Cactaceae*) zutrifft. Darüber hinaus finden sich in zahlreichen anderen Familien sukkulente Pflanzen, deren Hauptmerkmal vor allem ihre kompakte Form ist. Sie beruht auf stämmigen Sprossen, dicken Blättern – sofern vorhanden und nicht in Dornen umgewandelt –, sehr kurzen Internodien (zwischen den Blattansatzstellen liegende Abschnitte der Sprossachse) und einem stark entwickelten unterirdischen Wurzelsystem. Kennzeichnend sind also *fleischiges, an Wasser und Mineralsalzen reiches Gewebe oder sukkulentes, das heißt speicherndes Gewebe*. In der Umgangssprache werden Sukkulenten häufig auch als Dickblattgewächse bezeichnet, obwohl diese, wie schon erwähnt, eine eigene Familie bilden, genauso wie die Kakteen.

Die wissenschaftliche Sicht

Botanisch unterscheidet man zwischen Blatt-, Stamm- und Wurzelsukkulenten, je nachdem, welches Organ zur Wasserspeicherung umgebildet ist. Eine Besonderheit der sukkulenten Formen ist ihr Säurestoffwechsel. Im Gegensatz zu den meisten anderen Pflanzen öffnen sich die Stomata (Spaltöffnungen) nachts, um CO_2 aufzunehmen. Tagsüber bleiben sie geschlossen und verringern auf diese Weise ihren Wasserverbrauch. Weil sich ihr Atemzyklus modifiziert und ihre Physiologie angepasst hat, sind sie in der Lage extreme Trockenheiten zu überstehen. Diese Besonderheit wurde bereits im 19. Jahrhundert an Crassulaceen beobachtet.

◀ Vorhergehende Doppelseite: In der spanischen Stadt Blanes befindet sich ein sehr schöner Sukkulenten-Garten.

◀ Der Garten von La Mortola (Italien) ist berühmt für seine Sukkulenten-Landschaften.

▲ Dieser vergrößerte Ausschnitt einer *Opuntia azurea* zeigt typische Kakteendornen.

Dornen, Stacheln und Areolen

Optisch besteht kein auffallender Unterschied zwischen Stacheln und Dornen. Allerdings handelt es sich um Organe verschiedenen Ursprungs. Bei Kakteen nämlich spricht man von Dornen, bei Euphorbiaceen oder Agavengewächsen hingegen von Stacheln.

Dornen sind eigentlich umgewandelte Blätter und entstammen tiefer gelegenen Geweben. Daher kann man sie brechen, aber es gelingt nicht, sie herauszureißen, ohne die Pflanze zu beschädigen.

Stacheln stammen von oberflächlichem Gewebe (Epidermis) und lassen sich ohne Gefahr für die Pflanze abtrennen, allenfalls bleibt eine kaum merkliche Narbe zurück.

Areolen sind ebenfalls kakteenspezifisch. Es handelt sich um kleine Verdickungen, die wie flaumbedeckte Kisschen aussehen. Sie können mitunter zahlreiche Dornen, eine Gruppe wolliger Haare (Cephalium) oder Nektardrüsen tragen und außerdem kann aus ihnen ein Zweig oder eine Blüte wachsen.

► Die Stacheln der Abessinischen Wolfsmilch *Euphorbia abyssinica* entstehen aus Oberflächengewebe.

► Rechte Seite:
Die Dornen von *Ferocactus flavovirens* sind Ausdruck einer Anpassung an Trockenheit.

Die Geschichte der Sukkulenten

Die Aloe wird seit der Antike im Mittelmeerraum kultiviert, aber erst im 18. und vor allem im 19. Jahrhundert wurden zahlreiche Sukkulentenarten in den europäischen botanischen Gärten angepflanzt. Viele dieser Pflanzen gehören heute zu öffentlichen oder privaten Sammlungen und warten auf die Gelegenheit, dass ein breites Publikum sie besser kennen und schätzen lernt.

In ihren Herkunftsländern dienen manche Sukkulentenarten der einheimischen Bevölkerung als Nahrungsstoffe und als Medizin, außerdem werden die Fasern und das Holz verwendet.

Sukkulenten im Wandel der Zeit

Aloe und Feigenopuntie sind uns vertraute Pflanzen, doch über ihren Ursprung wissen wir nichts.

Die Aloe

Die Geschichte der Aloe, insbesondere der Aloe vera, ist eng verbunden mit der Geschichte der ägyptischen und der assyrischen Medizin und der anderer mediterraner Völker. Verbreitung und Kultivierung dieser Pflanze reichen so weit in die Vergangenheit zurück, dass wir nur wissen, woher sie ursprünglich stammt: aus dem mittleren Orient. Bereits 400 Jahre vor der Zeitenwende importierten die Griechen

◀ Im exotischen Garten von Cap Roig (Spanien) haben sich trockenheitstolerante Pflanzen (Xerophyten) akklimatisiert, hauptsächlich die im Hintergrund stehenden Feigenopuntien.

▶ Diese blühenden *Aloe* wachsen im Garten von La Mortola in Italien.

Aloe-Arten von der Insel Socotra, die vor der Küste von Somalia liegt. Griechische, römische und arabische Ärzte schätzten diese Pflanze wegen ihrer medizinischen Eigenschaften und verwendeten sie sowohl innerlich als auch äußerlich. Im Mittelalter verbreitete sich der Gebrauch der Pflanze in Westeuropa, eroberte später das neu entdeckte Amerika und im 18. Jahrhundert Südafrika. Verglichen mit den meisten anderen sukkulenten Pflanzen hat die *Aloe* also den entgegengesetzten Weg genommen.

In manchen Gegenden gilt die Feigenopuntie heute als Landplage und wird den „invasiven Pflanzen" zugerechnet, da sie nach und nach die natürliche Flora verdrängt und deren Bestand gefährdet.

Die Feigenopuntie

Die Feigenopuntie (*Opuntia ficus-indica*) ist schon vor so langer Zeit in den Mittelmeerländern heimisch geworden, dass man ihre ursprüngliche Heimat Mexiko vergessen hat. Bekannt ist, dass im Jahr 1618 eine Opuntie im Garten eines Straßburger Philosophieprofessors blühte und unter dem Namen *Ficus indica minima* im Buch *Livre de Fleurs propres aux brodeurs* abgebildet wurde.

Erste Darstellungen von Sukkulenten in den Pflanzenbüchern

Außergewöhnlich und exotisch geltende Pflanzen finden sich erstmalig im 1613 erschienenen „Herbarium der vier Jahreszeiten" des Basilius Besler. In dem überaus wertvollen Werk sind zwei Kakteen abgebildet: Wahrscheinlich ein *Melocactus communis*, der in Jamaika beheimatet ist, und eine ungewöhnlich prächtige Feigenopuntie (*Opuntia ficus-indica*), ferner eine Agave (*Agave americana*), die im Südosten der USA und in Mexiko sehr verbreitet ist, sowie eine *Aloe* (*Aloe vera*).

Aus dem Jahr 1648 kennen wir niederländische Holzschnitte, auf denen sechs Kakteenarten abgebildet sind, die den Holländern auf ihrer Expedition in Brasilien begegnet waren. Allerdings werden nur medizinisch oder anderweitig nützliche Pflanzen genannt und beschrieben.

Kakteen werden Mode

Diese wenigen Beispiele dürfen nicht darüber hinwegtäuschen, dass man etliche 100 Jahre kaum etwas über diese merkwürdigen Pflanzen wusste. Zahlreiche Arten, hauptsächlich unter den Kakteen, wurden erst gegen Ende des 18. und vor allem im 19. Jahrhundert entdeckt.

Kakteen in Europa

Erst die Entdeckung Amerikas brachte Kakteen nach Europa, die sich nach und nach immer größerer Beliebtheit erfreuten. Die Begeisterung für diese Familie mit den so

▶ Sukkulenten lassen sich auf verschiedene Weise kultivieren, beispielsweise diese *Kalanchoe* als Ampelpflanze.

merkwürdig geformten Pflanzen wurde noch gemehrt, als große Pflanzen aus Mexiko eintrafen. Von da an entstanden private und öffentliche Sammlungen und an der Mittelmeerküste Frankreichs wurden exotische Gärten angelegt.

Obwohl das Interesse für Kakteen mit Beginn des 20. Jahrhunderts ein wenig nachließ, wurden sie in all den folgenden Jahren immer noch bei den verschiedenen Gartenausstellungen mit großem Erfolg präsentiert.

Sehr langsame Verbreitung

Die Schwierigkeiten, Kakteen aufzufinden, zu sammeln, zu transportieren und zu akklimatisieren, und die praktisch vollständige Unkenntnis ihrer Biologie und Physiologie hemmten die Verbreitung zahlreicher Arten. Hier sei angemerkt, dass Deutschland im Hinblick auf Kakteen das kenntnisreichste europäische Land ist.

Manche Sukkulenten eignen sich hervorragend als Heckenpflanzen. Andere verwurzeln sich gut in Sand und werden deshalb zur Stabilisierung auf Dünen gepflanzt.

Forscher erkannten den Reichtum und die Vielfalt der Flora Madagaskars und des Südens von Afrika mit den sukkulenten Euphorbien und den als „Lebenden Steinen" bekannten Mittagsblumen erst im späten 20. Jahrhundert. Viele dieser Pflanzen werden in öffentlichen und privaten Sammlungen gezeigt, verbreiten sich aber dennoch nur langsam. Tatsächlich ist es noch schwierig, die neu entdeckten Arten zu vermehren und damit neue Liebhaber zu erreichen.

Gesetzliche Bestimmungen

In zahlreichen Ländern sind die Entnahme aus der Natur und der freie Handel innerhalb des Landes und erst recht zwischen den Ländern nicht mehr zulässig. Durch Vorschriften, nationale Gesetze und internationale Abkommen sind Entnahmen von Pflanzen aus ihrer natürlichen Umgebung verboten oder stark eingeschränkt.

Dass es zu diesen Einschränkungen und Verboten kam, hat verschiedene Ursachen, darunter pflanzenhygienische und kommerzielle, doch sehr oft sind sie auch dadurch bedingt, dass viele Pflanzen immer seltener werden oder ihr Lebensraum und somit ihre Existenz bedroht sind.

Nicht nur die Entnahme aus der Natur, auch die Beweidung durch Tiere, wie Strauß und Ziege, stellen für manche Sukkulentenarten eine Bedrohung dar.

Die internationalen Beschränkungen des freien Verkehrs

Im Bestreben, die missbräuchliche Entnahme von Pflanzen oder Samen aus der Natur durch Händler oder Sammler zu bekämpfen, haben mehrere Länder am 3. März 1973 in Washington die „Konvention über den internationalen Handel mit Wildtieren und -pflanzen, die vom Aussterben bedroht sind" unterzeichnet. Dieses so genannte Washingtoner Artenschutzabkommen oder CITES wurde 2002 von mehr als 150 Ländern, darunter Deutschland, ratifiziert.

Wie alle Mitgliedstaaten der Europäischen Union unterliegt auch Deutschland der innereuropäischen Regelung zum „Schutz der Wildarten von Flora und Fauna durch die Überwachung ihres Handels".

Die durch CITES geschützten Arten

Auf das Washingtoner Artenschutzabkommen (CITES) beruft man sich im Wesentlichen, weil zahlreiche Sukkulentenarten in den Listen verschiedener Anhänge (die deren Gefährdung einstufen) eingetragen sind und einer Ausfuhr- oder Einfuhrgenehmigung bedürfen. Ohne sämtliche im Abkommen erfassten Pflanzen aufzahlen zu wollen, sollten doch die großen Gruppen genannt werden.

Die erste in ihrer Gesamtheit betroffene Familie ist die der Kakteen, von der alle Pflanzen in die Liste aufgenommen wurden und eine Genehmigung haben müssen, sobald die Grenzen der Europäischen Union überschritten werden.

◀ Diese ursprünglich in Amerika beheimateten Pflanzen wachsen in einem exotischen Garten in Südafrika.

▲ Die Blätter dieser Agaven, die in einem Steingarten wachsen, sind rosettenförmig angeordnet.

Unter den anderen Sukkulenten finden sich einige Agaven, die *Pachypodien* (Mondsteine), sämtliche Angehörigen der Didiereaceae-Familie, alle sukkulenten Euphorbien, alle *Aloe*-Arten.

Für die Inhaber von Baumschulen und für Sammler seltener oder bedrohter Pflanzen kann diese gesetzliche Regelung starke Einschränkungen bedeuten. Der einzige Zwang, dem sich der Liebhaber dieser Pflanzen beugen muss, besteht darin, seine Sammlung in Ordnung zu halten und die Dokumente aufzubewahren, aus denen die rechtmäßige Herkunft seiner Pflanzen ersichtlich ist.

Unabhängig von dem internationalen Abkommen kann jeder Staat eine nationale Gesetzgebung erlassen, um seine Flora besser zu schützen und so die Entnahme von Pflanzen und das Sammeln von Samen in der Natur zu begrenzen. Es ist immer sinnvoll, sich genau zu informieren, bevor man sich eine Pflanzensammlung aufbaut!

► Rechte Seite:
Vorsicht bei dieser Agave! An den Spitzen ihrer Blätter befinden sich gefährliche Stacheln.

Einzigartige Vielfalt

Der Kaktus hat die Vorstellungswelt der Menschen in einem Maß geprägt, dass man glaubte, nur in der Familie der Kakteengewächse gebe es stechende Pflanzen, die an die extreme Trockenheit der Halbwüsten auf verschiedenen Kontinenten angepasst wären. Europäer führten während des ganzen 19. und weitgehend auch im 20. Jahrhundert vor allem Kakteen ein und zeigten sie einem großen Publikum. Aber die botanischen Fakten sind viel komplizierter.

Sehr selten in der Natur und außerhalb ihres Herkunftsgebietes – den Wüsten Namibias und Angolas – äußerst schwierig zu kultivieren ist die Gattung *Welwitschia*; sie ist die einzige Sukkulente unter den Nacktsamern, zu denen auch Kiefern, Tannen, Eiben und Zypressen zählen.

Die große Zahl der Pflanzenfamilien, deren verschiedene Gattungen und Arten zu den Sukkulenten im wissenschaftlichen Sinn gehören, und ihre Verteilung auf den verschiedenen Kontinenten und Hemisphären zeigen sehr gut, dass unter vergleichbaren Umweltbedingungen Pflanzen mitunter stark übereinstimmende und erstaunlich ähnliche Formen entwickeln, um sich ihrer Umgebung anzupassen. Welches sind nun auf den ersten Blick die Elemente, die eine Agave von einer *Aloe* oder einen Säulenkaktus von einer Kalendelaber-Euphorbie unterscheiden? Während die Agave zu den Agavengewächsen zählt, gehört die *Aloe* in die Familie der *Aloaceae*. Die eine stammt aus Mexiko, die andere aus Amerika, dennoch ist aufgrund der äußeren Umstände das Erscheinungsbild sehr ähnlich. Man muss schon genau hinschauen, um die Unterschiede zu entdecken.

Die wichtigsten Familien

Ohne alle Familien nennen zu wollen, in denen es Sukkulenten mit einer oder mehreren Gattungen und einer oder mehreren Arten gibt, vermittelt auch die unvollständige Aufzählung einen Eindruck von der Verschiedenartigkeit und der Vielfalt dieser Pflanzenwelt der extremen Klimate.

Agavaceae, Agavengewächse

Alle Pflanzen dieser Familie stammen aus Nord- und Zentralamerika, wobei einige Arten im Mittelmeerraum und in tropischen Gebieten heimisch geworden sind. Sie kommen erst nach einigen Jahrzehnten zur Blüte und sterben dann ab, nachdem sie zuvor Ableger und zahlreiche Samen produziert haben.

◀ In dieser hübsch gestalteten Landschaft wachsen hauptsächlich Keulenlilie (*Cordyline australis*) und *Aloe saponaria*.

▲ Manche *Crassula*-Arten sind mit ihren hübschen roten Blütenständen dekorative Zimmerpflanzen.

Aloaceae

Diese Pflanzen waren früher der Familie der Grasliliengewächse zugeordnet. Ihre ausschließlichen Herkunftsgebiete sind der Süden Afrikas und Madagaskar. Morphologisch stehen sie bestimmten Agaven sehr nahe, unterscheiden sich jedoch von diesen unter anderem dadurch, dass sie jedes Jahr blühen.

Apocynaceae, Hundsgiftgewächse

Die allermeisten Gattungen dieser Familie stammen, von wenigen Ausnahmen wie der in Mexiko und Südamerika heimischen Plumeria, vom afrikanischen Kontinent. Blätter und/oder Stiele der Pflanzen sind oft sehr giftig.

Asclepiadaceae, Seidenpflanzengewächse

Die meisten Gattungen stammen aus dem südlichen Afrika und Madagaskar, ein paar seltene Arten gibt es außerdem im Osten des Kontinents in Arabien und im Südjemen, ferner in Indien sowie im Westen auf den Kanarischen Inseln.

Cactaceae, Kakteengewächse

Sämtliche Vertreter dieser Familie der Kakteen- oder Opuntienpflanzen stammen, abgesehen von wenigen Arten auf Madagaskar, vom amerikanischen Kontinent und von den

Die *Crassulaceen* oder Dickblattgewächse sind pflegeleicht und einfach zu kultivieren. Besonders beliebt sind sie zur Bepflanzung von Steingärten.

Antillen. Sie sind also den unterschiedlichsten Höhenlagen, Breiten und extremen Klimaten ausgesetzt.

Crassulaceae, Dickblattgewächse

Die Vertreter der Dickblattgewächse leben in verschiedenen Regionen der Erde und in ganz unterschiedlichen Klimaten. An diesen Pflanzen wurde zuerst der besondere Säurestoffwechsel (CAM) der Sukkulenten erforscht (siehe Siehe 29).

Didiereaceae

Die wenigen Gattungen dieser Familie sind nur auf Madagaskar heimisch. Botanisch bezeichnet man deren Auftreten deshalb als endemisch.

Euphorbiaceae, Wolfsmilchgewächse

Mit etwa 320 Gattungen und, je nach Zuordnung, 7 700 bis 8 000 Arten gehören zu dieser Familie der Wolfsmilchgewächse die vielfältigsten biologischen und optimal angepassten Formen. Alle sukkulenten Euphorbien stammen vom afrikanischen Kontinent und vor allem von Madagaskar.

Liliaceae

Die Familie ist zwar bekannter wegen ihrer in gemäßigten Gebieten vorkommenden Kraut- und Knollenpflanzen, doch sind manche Arten auch an Halbwüsten angepasst.

Mesembryanthemum, Mittagsblumengewächse

Zur Gattung der Mittagsblumengewächse zählt man heute etwa 120 Gattungen und 2 000 Arten, allesamt Sukkulenten und aus Südafrika stammend, obwohl inzwischen einige Arten im Mittelmeergebiet heimisch geworden sind.

▶ Auch im Haus können sich Blattkakteen (*Epiphyllum*) als Ampelpflanzen zu großer Pracht entfalten.

Anpassungen an den Lebensraum

Um Trockenheit und mitunter lang anhaltende Perioden ohne Regen zu überstehen, mussten Pflanzen sich anpassen. Diese Anpassungen erfolgten morphologisch, indem die Pflanzen sehr verschiedene Formen annahmen, und physiologisch, indem sie einen ganz besonderen Lebensrhythmus entwickelten. Trotz aller inzwischen erworbenen Erkenntnisse bleiben noch viele Fragen unbeantwortet und es wird intensiv geforscht, um die Komplexität und Vielfalt der Anpassungen bei den Sukkulenten besser zu verstehen.

Oft wollen die Sukkulenten, die wir kultivieren, nicht recht gedeihen. Schuld daran ist nicht ein Mangel an Wärme, sondern Mangel an Licht!

Klimatische Bedingungen

Bevor wir die verschiedenen Anpassungsformen beschreiben, müssen wir uns mit den klimatischen Lebensbedingungen dieser trockenheitstoleranten Pflanzen beschäftigen. Diese müssen unter starkem Lichteinfluss und oft tagsüber sehr hohen und nachts niedrigen Temperaturen sowie bei unregelmäßigen Niederschlagsmengen leben, Frucht tragen, ihre Samen verbreiten und sich reproduzieren können.

Wasserbedarf

Natürlich spielt es eine Rolle, wie die Pflanzen bewässert werden, sei es in flüssiger Form durch Regen, was aber mitunter während langer Perioden selten geschieht, oder sei es als Wasserdampf, der als Niederschlag kondensiert.

In den Wüsten der westafrikanischen Küste oder manchen an den Pazifik grenzenden Flanken der Gebirgsketten Südamerikas gibt es Wasser nur in Form von Nebeln. In hoch gelegenen Wüstengebieten erhalten die Pflanzen Feuchtigkeit in flüssiger Form dank der Kondensation durch die schroffen Temperaturunterschiede zwischen Tag und Nacht. Egal, wo die Pflanzen leben, sie müssen dieses Wasser mittels ihrer oberirdischen Gewebe und/oder durch ein an diesen flüchtigen Segen angepasstes, sehr oberflächenhaftes Wurzelsystem schnell aufnehmen und vor dem Erscheinen der Sonne und der einsetzenden Hitze nachhaltig speichern können.

◀ Dieser bunt bepflanzte Blumenkasten schmückt einen Garten in San Francisco (USA). Verschiedene Adaptationsformen von Sukkulenten wurden hier arrangiert.

Lichtbedarf

Während auf Temperatur und Wasserbedarf immer hingewiesen wird, ist von der Bedeutung des Lichts selten die

Rede. Die meisten Sukkulenten leben allerdings in Regionen, in denen mehr als 300 Tage im Jahr eine sehr starke Lichtintensität herrscht. In unserem Klima dagegen schwankt die Zahl der Sonnenstunden deutlich von einem Monat zum anderen und die Lichtintensität, in deren Genuss die Pflanze kommt, hängt von ihrem Standort im Gewächshaus, auf der Veranda oder in der Wohnung ab.

Morphologische Anpassungen

In einer beachtlichen Vielfalt hinsichtlich ihrer Formen und des Aussehens haben sich sukkulente Pflanzen an die herrschenden Bedingungen angepasst. Blätter, Wurzeln oder Stamm können verändert sein und im Extremfall die Pflanze vollständig verwandeln.

Die Gewebe

Der Umfang mancher Sukkulenten mit zylindrischem oder rundem Stamm kann variieren: Nach dem Regen werden die Pflanzen dicker, in Zeiten der Trockenheit werden sie dünner. Da ihre Oberfläche mit Längsfurchen versehen ist, können sie sich dehnen und zusammenziehen.

Wasserspeicher. Wasser ist ein fundamentales, für das Leben unentbehrliches Element. Die lebendige „chemische und physiologische Fabrik“ Pflanze ist außerstande, ohne Wasser zu funktionieren. Um zu überleben, entwickelten Sukkulenten in den Wurzeln, Stängeln, Stämmen und Blättern Gewebe, die, mit Wasser und Säften durchtränkt, echte Speicher darstellen.

Die Gewebe dieser Pflanzen besitzen mit Flüssigkeit gefüllte Räume, so genannte Vakuolen, die sich, sobald es regnet, mit Wasser füllen, das die Pflanze dann während langer Trockenzeiten sparsam verbraucht. Bei heftigen Regenfällen können manche hohen Säulenkakteen in wenigen Minuten 1–2 m^3 Wasser aufnehmen und so insgesamt 5–10 t Wasser speichern.

Dieses Speichervermögen muss von einer entsprechenden inneren mechanischen Struktur begleitet sein, damit die Pflanze aufrecht stehen und atmosphärischen Einflüssen wie etwa Wind standhalten kann.

Im Übrigen gehen auch kondensierte Wassertröpfchen nicht verloren; sie werden durch Dornen oder Stacheln aufgefangen und ins Innere der Pflanze weitergeleitet.

Der Kampf gegen die Verdunstung. Darüber hinaus müssen Verluste durch Schwitzen und Verdunsten auf ein Minimum begrenzt oder ausgeschaltet werden. Dies geschieht durch eine spezifische Umhüllung der Oberflächen, die der Sonne direkt ausgesetzt sind, und durch eine Verringerung der Verdunstungsoberflächen. Blätter gibt es bei Kakteen deshalb fast gar nicht.

▲ Im exotischen Garten von Monaco wächst *Trichocereus pasacana* unter dem Himmel der Côte d'Azur zu bemerkenswerter Höhe empor

Außerdem sind die meisten Sukkulenten mit einer Cuticula, das heißt einer dichten äußeren Haut, ausgestattet. Mitunter spiegelt eine weißliche Wachsschicht das Licht und verhindert eine zu starke Temperaturerhöhung in den Geweben. Diese Cuticula begrenzt außerdem Wasserverluste durch die manchmal heftigen Winde in den Halbwüsten. Durch die zylindrische oder runde Form der Verästelungen gelingt es, bei gleichem Volumen die Mindestfläche für den Austausch mit der Außenwelt zu erhalten.

Die Anpassung der Wurzeln

Je nach Art und abhängig davon, welchen Bedingungen die Pflanze ausgesetzt ist, kennt das Wurzelsystem zwei Möglichkeiten, sich anzupassen. Das allgemeinste und häufigste ist die Sukkulenz mit der Bildung fleischiger, mit Wasser und Mineralsalzen getränkter Wurzeln.

▲ Steine oder Pflanzen? Durch perfekte Anpassung verschmelzen die Lebenden Steine (*Lithops*) mit ihrer Umgebung.

In einigen Gegenden unseres Globus, wie Namibia, haben die Pflanzen keine fleischigen Wurzeln, sondern eine Vielzahl horizontaler Wurzelhärchen, welche die oberste Bodenschicht erkunden, um dort der kleinsten Spur von Feuchtigkeit, die durch Kondensation von Wasserdampf beim Kontakt mit dem nachts sich abkühlenden Sand entsteht, habhaft zu werden.

Umwandlungen der Blätter

Die Anpassung des Laubs kann sich bis zum völligen Verschwinden der Blätter steigern, die durch Stacheln ersetzt werden. Allerdings kann diese Anpassung verschiedene Formen annehmen und sich im Lauf des Jahres ändern.

Interessant ist das Verhalten von *Didierea*, einer Sukkulenten aus Madagaskar. Diese bildet dünne dornige Verzweigungen, an denen sehr schnell zahlreiche winzige Blätter erscheinen, sobald die feuchte Jahreszeit einsetzt. Ebenso schnell fallen diese Blätter mit Beginn der trockenen Periode.

Nur der obere Teil des Blattpaares bei *Lithops*, den Lebenden Steinen, wächst der Sonne entgegen, um das Licht aufzufangen; zugleich aber können sie sich, falls nötig, in den Boden zurückziehen, bis die klimatischen Verhältnisse wieder günstiger geworden sind.

Andere wiederum umgeben sich mit einer Art Behaarung, ebenfalls mit dem Zweck, gegen die Hitze zu kämpfen und Wasserverluste weitestgehend zu verringern.

Physiologische Anpassungen

Die unsichtbare Anpassung der Sukkulenten besteht in der Entwicklung einer Stoffwechselspezialität, mit deren Hilfe die Pflanzen selbst an Extremstandorten überleben können. Dieser so genannte Nachtzyklus wurde erstmals an den Dickblattgewächsen, den *Crassulaceen* beobachtet und wird deshalb als *Crassulacean Acid Metabolism* (Säurestoffwechsel der Dickblattgewächse) oder abgekürzt CAM bezeichnet.

▼ Sukkulenten öffnen im Gegensatz zu anderen Pflanzen nachts ihre Stomata. So halten sie schwierigen Klimaverhältnissen stand und sparen Wasser.

Die Umkehrung der Photosynthese

Um diese Besonderheit besser zu verstehen, ist es notwendig, sich an die Photosynthese und die Assimilation des Chlorophylls (des Blattgrüns) zu erinnern.

PHOTOSYNTHESE

„Gewöhnliche" Pflanzen

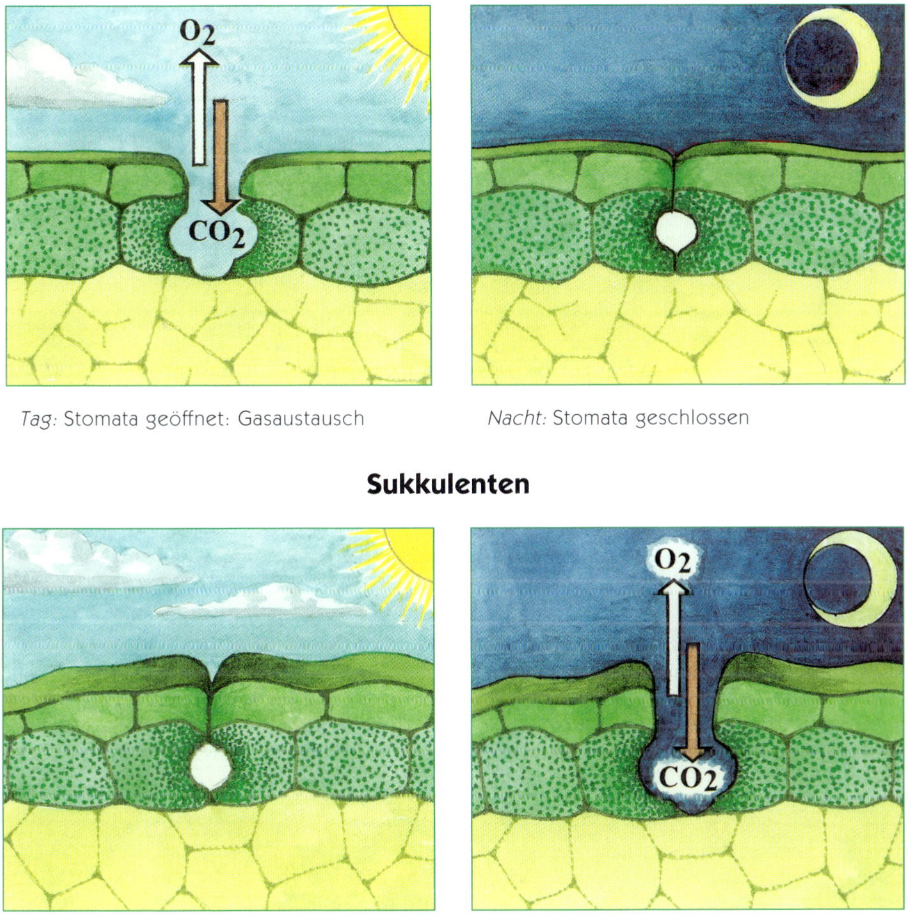

Tag: Stomata geöffnet: Gasaustausch

Nacht: Stomata geschlossen

Sukkulenten

Tag: Stomata geschlossen

Nacht: Stomata geöffnet: Gasaustausch

Sukkulenten sollte man nicht der direkten Sonne aussetzen, vor allem nach dem Winter, wenn die Gewebe empfindlich sind. Dies könnte nämlich zu Verbrennungen der Epidermis führen und würde die Schönheit der Pflanze beeinträchtigen.

Die „gewöhnlichen" Pflanzen. Der Stoffwechselprozess findet bei ihnen mittels Photosynthese statt, die tagsüber in Anwesenheit des Sonnenlichts erfolgt. Die Pflanze absorbiert gasförmigen Kohlenstoff aus der Luft und gibt im Gegenzug Sauerstoff ab. Dies geschieht durch die Öffnung der Stomata (Spaltöffnungen), spezialisierter Zellen in der Epidermis.

Während dieses Vorgangs schwitzt die Pflanze und gibt Wasser in die Atmosphäre ab, um eine akzeptable Temperatur im Inneren aufrechtzuerhalten. Diesen Wasserverlust gleicht die Pflanze über Wasseraufnahme durch die Wurzeln aus. Übrigens atmet die Pflanze bei Tag wie in der Nacht.

Die Sukkulenten. Eine Öffnung der Stomata am Tag würde aufgrund eines zu großen Wasserverlustes das Absterben der Pflanze bedeuten. In der Nacht hingegen ist die Atmosphäre kühler und oft sehr feucht. Deswegen öffnen sich die Stomata nachts, absorbieren den gasförmigen Kohlenstoff, indem sie ihn in großen Vakuolen in Form von Karbonsäuren speichern und gleichzeitig den Sauerstoff, der tagsüber bei der Photosynthese entstanden ist, nach außen abgeben.

Dank dieser nächtlichen Anhäufung von Karbonsäuren kann also tagsüber die Photosynthese unter Einfluss des Sonnenlichtes, aber ohne Austausch mit der Außenwelt, im geschlossenen Kreislauf und unter Einsparung von Wasser ablaufen.

Genau diese Umkehrung der Bindung von gasförmigem Kohlenstoff und der Freisetzung von Sauerstoff ist charakteristisch für die Sukkulenten. Dieses Merkmal bleibt sogar erhalten, wenn die Pflanze viel günstigere Lebensbedingungen mit regelmäßiger Bewässerung und niedrigeren Temperaturen vorfindet.

Anpassung der Blüte

Auch die Blüten der Sukkulenten haben sich den speziellen Lebensbedingungen angepasst.

Etliche Gattungen blühen überwältigend schön mit großen, oft farbigen Blüten, die aber kurzlebig sind und sich nur in der Nacht öffnen, um eine zu starke Verdunstung und dadurch bedingte Wasserverluste zu vermeiden, die der Pflanze insgesamt schaden würden. Insekten und Fledermäuse bestäuben diese Blüten und sind somit aktiv an der Befruchtung und der Verbreitung der Samen beteiligt.

Umgekehrt öffnen sich die Blüten anderer Arten während der heißen Stunden des Tages mit mannigfaltigen und manchmal lebhaften Farben. Hier beobachtet man einen Umbau der Blütenblätter, der die Brechung des Lichts ermöglicht.

► Rechte Seite:
Diese Blüte einer *Echinocereus*-Spezies ist bezaubernd, aber leider vergänglich.

Vermehrungsmethoden

Unter den verschiedenen Möglichkeiten, die sich Fachleuten wie auch Amateuren bieten, ist das Vermehren durch Samen eine einfache und weit verbreitete Methode. Es gibt andere Methoden, die oft schneller funktionieren, aber nicht bei allen Sukkulenten angewandt werden können, und zwar die verschiedenen Verfahren der vegetativen Vermehrung, etwa durch Stecklinge oder Pfropfen. Für die In-vitro-Vermehrung im Labor aus ein paar Zellen braucht man eine Ausrüstung, die Amateure sich nur selten leisten können.

Substrat und Desinfektion

Das Substrat, in das die Sukkulente gepflanzt wird, muss unbedingt porös und durchlässig sein: Die Luft muss zirkulieren können und das Gießwasser darf nicht stehen bleiben.

Entsprechend den Arten kann die Zusammensetzung des Substrats verschieden sein. Eine allgemein verwendbare Grundmischung besteht jedoch zur Hälfte aus feinem Flusskies und zu je einem Viertel aus reifem Blattkompost und Blumenerde. Im Fachhandel ist auch spezielle Kakteenerde erhältlich.

Damit die Samen auch aufgehen, muss man unbedingt verhindern, dass die jungen Keimlinge durch Pilze, Viren und Bakterien angegriffen werden. Deshalb ist eine vorherige Desinfektion der Pflanzerde unerlässlich. Um einwandfreies Substrat zu erhalten, kann eine der nachstehenden Methoden angewendet werden:

Erste Methode. Erhitzen Sie die gebrauchte Menge an Substrat etwa 20 Minuten lang in einem alten Topf im Ofen. Nach dem Abkühlen kommt die Erde in vorbereitete Behälter und es kann ausgesät werden.

Zweite Methode. Das Substrat wird in Glasbehälter verteilt, die man in einem Einkochapparat oder einem Schnellkochtopf erhitzt. Nach 20 bis 40 Minuten ist die Erde sterilisiert.

Dennoch sollte während des Wachstums der jungen Pflänzchen oder der Bewurzelung der Stecklinge auf Pilzbefall geachtet werden.

Vermehrung durch Samen

◀ Bei *Sempervivum* sind die Blätter fleischig und in Rosetten angeordnet.

Von Natur aus ist die Vermehrung durch Samen sehr langwierig, da die Pflanze alle Phasen von der Keimung bis zur Blüte durchlaufen muss. Das kann im Einzelfall einige Monate bis etwa zehn Jahre dauern. Dank ihrer genetischen

Vielfalt sind die aus Samen gezogenen Pflanzen allerdings besser in der Lage, negative Umwelteinflüsse und Angriffe von Parasiten zu überstehen.

Wenn die Vermehrung durch Samen gelingen soll, müssen einige Regeln befolgt und bestimmte Besonderheiten der Sukkulenten berücksichtigt werden.

Bei manchen Arten dauert es mehrere Monate, bis die Samen keimen. Informieren Sie sich über die Keimdauer der ausgesäten Arten und stellen Sie die Aussaatschale so lange an einen ungestörten Platz.

Optimale Bedingungen

Die Umgebung muss warm sein, mit einer Temperatur zwischen 25–35 °C, die nachts um 4–5 °C abgesenkt werden kann. Die Samen keimen in feuchter Umgebung, das heißt, das Substrat soll feucht, aber nicht nass sein, und die Atmosphäre annähernd wasserdampfgesättigt. Darüber hinaus ist eine hohe Lichtintensität, allerdings ohne direkte Sonne, erforderlich. Die Töpfchen mit den Samen sollen hell stehen und dürfen, damit die klimatischen Bedingungen stabil bleiben, auf keinen Fall umgesetzt werden.

Die beste Saatzeit liegt deshalb zwischen Ende des Frühjahrs und Anfang Sommer. Die jungen Pflänzchen entwickeln sich dann optimal und können nach zwei bis drei Monaten pikiert werden.

Das Vorgehen

Die Aussaat erfolgt in einen flachen Topf oder eine Schale mit Erde. Um eine gute Dränage zu erhalten, wird der Topfboden mit Scherben und Kiessand gefüllt. Darüber wird die fein gesiebte Substratmischung geschichtet und leicht angedrückt, so dass 2–3 cm unterhalb des Topfrandes eine glatte Fläche entsteht. Die Samen werden mit 2 cm Abstand in flache Furchen gelegt. Zuvor müssen sie kontrolliert, alphabetisch notiert und nummeriert werden, wobei an den Anfang jeder Saatfurche jeweils ein Schildchen mit der entsprechenden Nummer des Samens gesteckt wird. Nur so lässt sich der Werdegang der Pflänzchen kontrollieren und können künftig Fehler bei der Benennung vermieden werden.

Das Säen geschieht vorsichtig, die Samenkörner werden nur ganz dünn mit Substrat bedeckt. Zur Befeuchtung stellt man den Topf in einen mit Wasser gefüllten größeren Untersetzer. Feuchtigkeit und Wärme werden erzielt, indem man die Anzuchtschale mit einer Glasscheibe abdeckt. Sobald die Samen aufgegangen sind, müssen die Sämlinge belüftet werden, indem man kleine Keile unter die Glasscheibe legt. Nachdem die jungen Pflänzchen kräftiger geworden sind, wird die Glasscheibe endgültig entfernt.

Vegetative Vermehrung

Am häufigsten wird die Vermehrung durch Stecklinge angewandt und man sollte sich ihrer bedienen, wann immer es möglich ist. In ganz bestimmten Fällen wird auch das Propfen praktiziert.

Vermehrung durch Stecklinge

Mit dieser Methode erhält man sehr viel schneller größere Pflanzen als bei der Vermehrung durch Samen. Bei der ungeschlechtlichen Vermehrung kommt es nicht zur Vermischung der elterlichen Gene, so dass bei den Nachkommen bestimmte Formen oder Blütenfarben unverändert bleiben.

Man unterscheidet zwischen zwei Pflanzengruppen: solche, die natürliche Ableger bilden, wie Agaven oder Aloe, und solche, von denen man ein Stamm-, Blatt- oder Wurzelstück abtrennt, um daraus eine neue Pflanze zu ziehen.

Die günstigste Zeit. Bei Pflanzen, die Ableger bilden, trennt man diese am besten beim Umtopfen ab, das heißt vorzugsweise im Frühjahr oder wenn der Sommer beginnt.

▼ Vegetative Vermehrung durch Ableger: Je nach Wuchsform der Pflanzen ergeben sich verschiedene Möglichkeiten.

SO WERDEN STECKLINGE GESCHNITTEN:

Kugelkaktus

Feigenkaktus

Sukkulente mit Blattrosetten

Blattkaktus

STECKLINGSGEWINNUNG VON EINEM SÄULENKAKTUS

1. Einen Kopfsteckling erhalten Sie, indem Sie die Spitze des Kaktus glatt abschneiden.

2. Aus der ursprünglichen Pflanze wachsen oben neue Triebe.

3. Die jungen Triebe werden ebenfalls abgeschnitten und als Stecklinge gepflanzt.

▲ Säulenkakteen: Durch Abtragen des oberen Pflanzenteils gewinnt man eine neue Pflanze. Auf dem ursprünglichen Stamm wächst ein Säulenkaktus mit „Seitensprossen" oder einige kleine Pflänzchen.

Die günstigste Zeit, um Pflanzenteile von der Mutterpflanze für die Stecklingsvermehrung abzuschneiden, ist der Beginn der Wachstumsperiode. Während dieser Zeit von April bis Mai enthält die Pflanze Höchstmengen an Wachstumshormonen und gleichzeitig sind die Licht- und Temperaturverhältnisse optimal. Außerdem hat die bewurzelte junge Pflanze Zeit, sich bis zum Herbst einzugewöhnen. Manchmal müssen Stecklinge auch zu anderen Zeiten abgenommen werden, etwa wenn eine Pflanze unerwartet zu Schaden kommt, ein Zweig bricht oder wenn man einen Ableger verschenken möchte. Ob eine Bewurzelung während der Wintermonate gelingt, ist abhängig von der vorhandenen Temperatur, der Luftfeuchtigkeit und der Lichtintensität.

► Um Opuntien (hier *O. azurea*) zu vermehren genügt es, die „Ohren" abzutrennen und senkrecht in feuchten Flusssand zu setzen.

Wie geht man vor. Das Abtragen des Pflanzenteils, der als Steckling verwendet wird, muss sehr sorgfältig und mit einem desinfizierten, scharfen Messer erfolgen. Am besten spitzt man die angeschnittene Fläche leicht konisch zu; dadurch entwickeln sich gesunde und kräftige Wurzeln. Die weitere Vorgehensweise kann je nach Art unterschiedlich sein: Manche Stecklinge müssen antrocknen, bevor sie in die Erde kommen, andere dagegen unverzüglich in Kultursubstrat gesetzt werden. Alle Besonderheiten werden im Kapitel „Die Arten" (siehe Seite 53 ff.) bei der Beschreibung der Pflanzen erwähnt.

Das Pfropfen

Es handelt sich hierbei um ein altes Verfahren, bei dem ein Teilstück einer Art, das Pfropfreis, auf eine Unterlage, den Zuchtpflanzstock, gepfropft wird. Das Wurzelsystem stammt somit von der Unterlage. Das Pfropfreis bewahrt seine morphologischen Eigenschaften und seine genetische Ausstattung, profitiert aber von den Wachstumsbedingungen der Unterlage.

Dieses Verfahren kann nur von Menschenhand durchgeführt werden und kommt in der Natur spontan nicht vor. Innerhalb der Sukkulenten kommt praktisch nur die Familie der Kakteen dafür in Frage.

DIE EINZELNEN SCHRITTE BEIM PFROPFEN DURCH ANPLATTEN

1. Abschneiden des oberen Teils der Pfropfunterlage

2. Zurichten der Unterlage

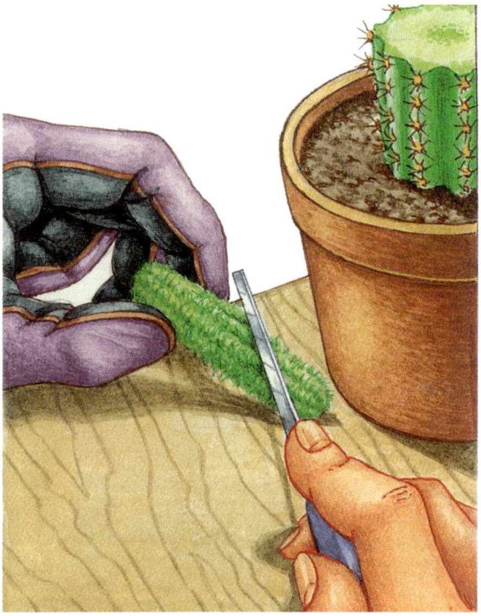

3. Zurichten des Propfreises

4. Anpassen des Pfropfreises an die Unterlage

5. Aufbringen des Pfropfreises und Befestigung auf der Unterlage mit einem Band bis zur endgültigen Verschmelzung

◀ Das Pfropfen, ein sehr altes Verfahren, war bereits in der griechischen Antike bekannt.

Hier wendet man das Pfropfen vor allem an, um Pflanzen zu erhalten, deren Lebensbedingungen sehr schwer künstlich nachzuahmen sind, um sehr farbintensive und dekorative Pflanzen zu kultivieren, um die Wuchsgeschwindigkeit besonders langsam wachsender Pflanzen zu beschleunigen und dadurch eine frühere Blüte und folglich Samenbildung zu erreichen.

Das häufigste Verfahren ist das *Anplatten*, mit dem Ziel, die Gefäßsysteme von Pfropfreis und Unterlage möglichst optimal miteinander zu verbinden. Wichtig ist, dass keine Luftblasen an den Kontaktflächen vorhanden sind.

Um erfolgreich zu pfropfen, müssen einige einfache Regeln befolgt werden: Führen Sie das Pfropfen während der Vegetationszeit durch; dann sind die Gewebe weicher und die Gefäße saftreicher. Benutzen Sie saubere und sterilisierte Instrumente. Die frisch gepfropfte Pflanze sollte etwa eine Woche lang an einem warmen, schattigen Platz stehen, bis die Gewebe sich gut miteinander verbunden haben.

Das Pikieren

Wie das Umpflanzen ist auch das Vereinzeln oder Pikieren junger Pflänzchen nicht ganz einfach, da weder die oberirdischen Teile noch die Wurzeln verletzt werden dürfen. Umgetopfte Pflanzen müssen eine Woche lang warm und schattig gehalten werden. Vom Pikieren nach Ende Juli wird abgeraten, weil die Pflanzen sich dann vor der Winterruhe oft nicht mehr wirklich eingewöhnen können, es sei denn ein Wintergarten bietet zu jeder Jahreszeit optimale Verhältnisse.

▶ Wie kann man eine stachelige Pflanze umtopfen, ohne sich zu stechen? Man legt ganz einfach einen Streifen gefaltetes Zeitungspapier um die Pflanze.

Krankheiten und Schädlinge

Es sei vorausgeschickt, dass Sukkulenten gegen tierische Parasiten oder Pilze weitgehend resistent sind und nur selten von ihnen angegriffen werden. Voraussetzung ist allerdings eine gute Belüftung, genügend Helligkeit, ein sonniger Standort, ein Substrat mit wenig organischem Material und guter Dränage. Falls diese Bedingungen nicht erfüllt werden, können Krankheiten und Schädlinge die Pflanzen schwächen und letztlich sogar umbringen.

Gute Belüftung und sorgfältige artgerechte Pflege sind die besten Voraussetzungen für gesunde, widerstandsfähige Pflanzen.

Verhütung von Krankheiten

Vorbeugende Maßnahmen können verhindern, dass sich Krankheiten entwickeln und Schädlinge überhand nehmen.

Durch regelmäßige Unkrautbeseitigung, Harken und Jäten nisten sich Parasiten oder ihre überwinternden Formen erst gar nicht in der Nähe der Pflanzen ein.

Regelmäßige Desinfektion der Arbeitsgeräte, der Töpfe und Schalen verhindert, dass Krankheiten auftreten.

In vielen Fällen lassen sich durch die Entfernung der Schädlinge mit der Hand und das Abwaschen der befallenen Teile, etwa mit einer leichten Schmierseifenlösung, Behandlungen mit Pflanzenschutzmitteln vermeiden.

Erkrankungen des Gewebes

Hier liegt meistens kein Befall durch Schädlinge vor, sondern in der Regel nur ein *Ungleichgewicht* in der Ernährung der Pflanze, die mit einer Entfärbung der Blätter, diversen Flecken und anormalem Wachstum reagiert.

Eine der häufigsten Ursachen für schlechtes Wachstum ist *Nässe*, hauptsächlich während der Ruhezeit, oder eine ungenügende Dränage im Hochsommer. Umgekehrt führt *Wassermangel* während der Wachstumsphase zum Welken und zur Erweichung der Gewebe.

Entgegen einer verbreiteten Vorstellung vertragen nicht alle Sukkulenten längere *direkte Sonneneinwirkung*; vor allem können Verbrennungen mit irreversiblen Folgen auftreten, wenn sich die Pflanzen in gefiltertem Licht oder im Schatten entwickelt haben. Längerer Lichtmangel hingegen schwächt die Pflanze, die sich in die Länge streckt, blass und vor allem sehr anfällig wird.

◀ Vorhergehende Doppelseite: Eine Idee, wie Sie Ihre Veranda dekorieren können: Neben einem Korb mit bunten Kürbissen eine Amphore mit Sempervivum-Arten.

◀ Formen und Materialien sind in diesem chinesisch inspirierten Miniaturgarten eine geglückte Verbindung eingegangen.

Mangel ebenso wie *Überfluss an* Mineralstoffen wirken sich auf die Färbung der grünen Pflanzenteile oder auf ihr Wachstum aus, da die Aufnahme bestimmter lebenswichtiger Nährstoffe blockiert wird. Manche überdosierten Elemente können die Wurzeln sogar „verbrennen“, so dass die Pflanze zugrunde geht.

Manche Schildlausarten befallen nur eine ganz bestimmte Pflanzenart. Dies hat man genutzt, um im Süden Madagaskars die zur Plage gewordene *Opuntia dillenii* auszurotten.

Tierische Parasiten

Zwei Arten tierischer Schädlinge können Sukkulenten befallen: Das Ziel der einen sind die oberirdischen, das der anderen die unterirdischen Teile der Pflanzen.

Die Feinde der oberirdischen Pflanzenteile

Bei der Mehrzahl dieser Schädlinge handelt es sich um Insekten und um Pflanzen fressende Milben, von denen manche wenig spezialisiert sind und ganz verschiedene Arten befallen können. Am gefährlichsten sind Insekten mit stechend saugenden Mundwerkzeugen, mit denen sie die Außenhaut der Pflanzen durchbohren können. Je nach Ausmaß des Befalls sind Deformationen, Nekrosen oder Zerstörungen an Blättern, Stamm oder Wurzeln zu beobachten.

Folgende Insekten treten am häufigsten auf:

– *Schildläuse*, Schmierläuse und australische Wollschildläuse siedeln sich auf den jungen Teilen und an den im Schatten liegenden Flächen der Pflanze an; sie können großen Schaden anrichten.

– *Weiße Fliegen* saugen den Saft aus den Pflanzen und können vor allem die Entwicklung von Schimmelpilzen fördern.

– Verschiedenfarbige *Blattläuse* können die weichen Teile der Pflanze befallen und zu Nekrosen führen

– *Spinnmilben*, vor allem die Rote Spinne, besiedeln alle jungen

► Die Bewässerung dieses mexikanischen Miniaturgartens muss sehr genau dosiert werden.

▲ Manche tierischen Schädlinge kann man vertreiben, indem man die Pflanze mit einem zugelassenen Insektizid einpinselt; Rasierpinsel benutzen.

Teile und bohren sich in die Epidermis der Pflanze, die sich gräulich verfärbt.

Bei hartnäckigem Befall ohne Bekämpfung kann die Pflanze zugrunde gehen.

Die Feinde der unterirdischen Pflanzenteile

Gefährlicher als bei den oberirdischen Teilen ist der Befall der unterirdischen Pflanzenteile mit Schädlingen, der oft erst entdeckt wird, wenn die Pflanze bereits Verfallserscheinungen zeigt. Die Larven der *Dickmaulrüssler*, einer Rüsselkäferart, fressen die Wurzeln und zerstören dadurch die Pflanzen. Die Nematoden, das sind mit dem bloßen Auge nicht erkennbare, durchscheinende *Fadenwürmer*, rufen an den Wurzeln nekrotisierende Zysten hervor, es entsteht Wurzelbrand und die Wurzeln faulen.

Gegen all diese Parasiten helfen systemisch wirkende Pflanzenschutzmittel, das heißt, die Verteilung des Mittels erfolgt durch den Pflanzensaft. Seit einigen Jahren setzt man zunehmend biologische oder integrierte Bekämpfungsmaßnahmen ein, wie natürliche Feinde der Parasiten, und vermeidet dadurch eine weitere Umweltbelastung.

Pilzkrankheiten

Pilze treten vor allem bei für sie günstigen Umweltbedingungen auf. Ganz sicher fördert im Winter eine zu hohe Bodenfeuchtigkeit einen Pilzbefall, der sich durch Fäulnis des Pflanzengewebes äußert. Mögliche Krankheitserreger sind *Botrytis* (Grauschimmelfäule), *Pythium* (Wurzelfäule), Echter Mehltau, *Phytophtora* (Wurzel- und Wurzelhalsfäule).

Beim Auftreten von Flecken oder Schimmel muss sofort eingegriffen werden, denn Pilzerkrankungen führen ganz schnell zum Absterben der Pflanze. Eine erkrankte Pflanze muss isoliert oder, falls sie zu stark befallen ist, sogar entsorgt werden, um eine Ausbreitung des Pilzes zu verhindern.

Erkrankungen durch Viren oder Bakterien

Bei Sukkulenten treten diese Krankheiten selten auf. Allerdings gibt es auch keine wirksame Bekampfungsmethode. Am besten verbrennt man erkrankte Pflanzen, um eine Ausbreitung der Krankheit zu verhindern.

Auf keinen Fall darf die kontaminierte Erde wiederverwendet, auch nicht unter desinfiziertes und gesundes Substrat gemischt werden.

Kakteenzucht für Anfänger

Oft trauen sich Kakteenliebhaber nicht, diese oder andere schöne Sukkulenten zu kultivieren, weil sie fürchten, damit nicht zurechtzukommen. Wir beantworten in diesem Kapitel die am häufigsten gestellten Fragen.

Zwei goldene Regeln für Anfänger: Sukkulenten an den hellsten Standort setzen und sparsam gießen.

Kann man sich auch eine kleine Sukkulentensammlung anlegen, wenn man weder ein Gewächshaus noch eine Veranda noch einen anderen speziellen Platz hat? Kann man diese Pflanzen auch in einer Wohnung kultivieren?
Beide Fragen sind ohne Einschränkung zu bejahen.

Muss ich mit großen Ausgaben rechnen, bevor ich mir eine Kakteensammlung anlege? Brauchen die Pflanzen viel Platz?
Die Vielfalt der Formen und der Wachstumsgeschwindigkeit ermöglicht dem Amateur große Auswahlmöglichkeiten, so dass er mit einer vielseitigen Sammlung auf weniger als 1 m^2 Fläche eine Miniaturlandschaft gestalten kann. Die Kosten bleiben dabei in einem überschaubaren Rahmen.

Welcher Standort ist geeignet?
Um mit der Kultivierung zu beginnen und ein Gärtchen mit Schalen und Töpfen anzulegen, genügt ein heller, sonniger Platz ohne Zugluft.

Ein breites Fensterbrett ist dafür der ideale Standort, vorausgesetzt, dass Sie eine einfache Regel beherzigen: Um Kälteschäden und Sonnenbrand zu verhindern, dürfen die Pflanzen nicht mit der Fensterscheibe in Berührung kommen. Außerdem ist unbedingt zu vermeiden, die Pflanzen zwischen Fenster und Vorhang zu platzieren, da im Winter die Gefahr besteht, dass sich dort kalte und feuchte Luft ansammelt, die den Pflanzen schadet.

Wenn diese wenigen Regeln beachtet werden, findet sich leicht eine ausreichende Fläche, um die Trockenpflanzen gut unterzubringen.

Wann ist die beste Zeit, um eine Sammlung anzulegen?
Da die überwiegende Mehrzahl dieser Pflanzen mehrjährig ist, müssen Sie keine besondere Jahreszeit abwarten, um mit Ihrer Sammlung zu beginnen. Allerdings steht fest, dass die Pflanzen im Frühjahr und wenn der Sommer beginnt wach-

◀ Ein Sukkulentengärtchen inmitten anderer Pflanzen ergibt einen überraschenden Kontrast.

Beim Gießen ist es ratsam, die Erde ganz zu durchfeuchten. Wenn man nur die Oberfläche befeuchtet, wird die Bildung oberflächlicher Wurzeln gefördert.

sen und blühen und insgesamt auf die kleinen Fehler von Anfängern weniger empfindlich reagieren. Während dieser aktiven Eingewöhnungsperiode einer Pflanze kann man sie gut beobachten und ihr die optimale Pflege angedeihen lassen. Im Winter ist die Ruhezeit der Pflanze, in der ihr Stoffwechsel heruntergefahren ist. Dann ist es viel schwieriger, sich zu vergewissern, ob der neue Platz den Bedürfnissen der Pflanze gerecht wird.

Welche Temperaturen brauchen die Pflanzen im Winter?
Die optimale Temperatur für die meisten Kakteen beträgt im Winter 10–12 °C, wobei praktisch kein Gießen erforderlich ist. Tatsächlich reduzieren die Pflanzen bei Lichtmangel ihre Stoffwechselaktivitäten, so dass sie keine besonderen Bedürfnisse haben. Sobald es wieder heller wird, erwachen die ober- und unterirdischen Teile zu neuem Leben und man muss entsprechend der Zimmertemperatur gießen.

Müssen die Pflanzen während des Sommers im Freien stehen?
Natürlich wachsen Kakteen und andere Sukkulenten in ihrer Heimat im Freien. Deshalb empfiehlt es sich, sie, sobald die warme Jahreszeit beginnt, nach Möglichkeit hinauszubringen. Dabei sind die Pflanzen vorsorglich so zu stellen, dass sie nicht von der Sonne verbrannt werden können.

In manchen Gegenden können bestimmte Kakteenarten sogar den Winter im Freien verbringen, wenn man sie gegen kalte Winde und zu viel Wasser schützt. Das lässt sich bewerkstelligen, indem man die Pflanze, nachdem das Gießen eingestellt wurde, in transparente (Noppen-)Folie hüllt. Um zu verhindern, dass die Pflanze fault, muss regelmäßig das Kondenswasser von der Folie entfernt werden.

Was ist besser: Töpfe und Schalen aus Ton oder Plastik?
Tongefäße sind nicht für alle Pflanzen geeignet. Sie geben die Gießflüssigkeit schnell nach außen ab und die Erde trocknet leichter aus. Für Sukkulenten ist das aber kein Fehler. Die Wasserhaltefähigkeit von Kunststofftöpfen kann dagegen leicht zu einem Wasserüberschuss führen. Bei richtiger Wasserzufuhr kann aber auch bei den leichteren Kunstoffgefäßen nichts falsch gemacht werden. Die Wahl wird deshalb eher nach ästhetischen Gesichtspunkten getroffen.

Auf gar keinen Fall jedoch dürfen Gefäße mit Wasserreservoir verwendet werden. Das Prinzip dieser Pflanzgefäße mit automatischer Wasserzufuhr von unten verträgt sich nämlich grundsätzlich nicht mit den Bedürfnissen der Kakteen und anderen Sukkulenten.

► Foto rechte Seite: Wenige amerikanische Kakteen sind hier zu einem hübschen Miniaturgarten arrangiert: *Cleistocactus strausii*, *Opuntia subulata*, *Opuntia leucotricha*.

► Folgende Doppelseite: Im Garten von La Mortola (Italien) wachsen Agaven und *Aloe* in enger Nachbarschaft.

Die Arten

Die Säulenkakteen

Vor allem Säulenkakteen zeigen Übereinstimmungen in den Formen innerhalb der verschiedenen Familien und auf weit voneinander entfernten Kontinenten. Tatsächlich findet man diese lang gestreckten, oft zylindrischen und mehr oder weniger verzweigten Kakteen des amerikanischen Kontinents ebenso bei ihren afrikanischen Verwandten. Im Gegensatz zu den Lebenden Steinen und den Kugelkakteen können Säulenkakteen mehrere Meter hoch werden und sind daher insgesamt auf ziemlich hohe Räumlichkeiten angewiesen, um nicht regelmäßig eingekürzt werden zu müssen.

Durch die *vegetative Vermehrung*, die bei Säulenkakteen häufig vorgenommen wird, erhält man sehr bald schöne neue Pflanzen. Hierzu wendet man bei fast allen Säulenkakteen das gleiche Verfahren an. Mit einem sauberen glatten Schnitt trennt man die Spitze des Hauptstamms oder einer seitlichen Verzweigung ab. Dieses 20–50 cm lange Sprossstück wird in waagrechter oder senkrechter Lage vor Sonne geschützt getrocknet. Um die Wundheilung zu fördern, wird die Schnittstelle mit unbehandelter pulverisierter Holzkohle bestreut. Zwei Wochen später setzt man diesen Steckling zum Bewurzeln in leicht angefeuchteten, etwa 25 °C warmen Sand. Nach einem Monat wird der bewurzelte Steckling in das geeignete Kultursubstrat gepflanzt. Die beste Zeit ist gegen Ende des Frühjahrs.

◀ Dieser exotische Garten bietet eine Fülle prächtiger Säulenkakteen.

▼ Am Fuß dieses *Myrtillocactus geometrizans* sitzen zahlreiche Verzweigungen.

Myrtillocactus

Der Heidelbeerkaktus stammt aus Zentral- und Südmexiko und aus Guatemala. Die Arten dieser Gattung sind an verschiedene Böden und Niederschlagsmengen angepasst, was die Kultivierung, auch bei etwas schattiger Umgebung, erleichtert.

Kulturart

Von den vier bekannten Arten wird eine recht häufig kultiviert: *Myrtillocactus geometrizans*, dessen säulenförmiger Hauptstamm sich vielfach verzweigt. Jeder Spross hat fünf bis acht bläulich grüne Rippen, deren Kanten mit etwa 3 cm

> **Hätten Sie's gewusst?**
>
> **Eine ausgezeichnete Pfropfunterlage**
>
> Die Gärtner benutzen *Myrtillocactus geometrizans* vor allem als Pfropfunterlage, denn diese an Dornen arme Art bewurzelt sich gut. Das Pfropfen geschieht durch Anplatten, was ermöglicht, die Gewebe von Unterlage und Pfropfreis auf einer glatten horizontalen Schnittfläche zu vereinen (siehe Seite 37). Mit dieser Methode kann man seltene Kugelkakteen vermehren oder Arten erhalten, die Feuchtigkeit schlecht vertragen. Bei Arten mit schlechter Wurzelbildung kann das Wachstum und die Blüte beschleunigt werden.
>
> *M. geometrizans* wird auch viel verwendet, um gelbe und rote Kakteen, die kein Chlorophyll enthalten, ins rechte Licht zu rücken – beispielsweise den „Erdbeerkaktus" *Gymnocalycium mihanovichii*. Auf *Myrtillocactus* gepfropft, können diese Pflanzen dank der Versorgung mit dem Blattgrün der Unterlage leben.

langen starren Dornen bewehrt sind. Je fünf bis acht Dornen wachsen aus weit auseinander liegenden Areolen heraus. Wenn der Frühling beginnt, erscheinen drei bis vier Tage lang des Nachts weißliche, duftende Blüten. Die kugelförmigen Früchte sind essbar und schmecken sehr süß.

> Der Gattungsname *Myrtillocactus* bedeutet „Heidelbeerkaktus". Tatsächlich sind die dunkelroten Früchte essbar. Auf den Märkten ihrer Heimat werden sie unter dem Namen „Garambollo" verkauft.

Kultivierung

Geeignet ist ein unglasierter Tontopf, der mit je einem Drittel reifer Komposterde, Blumenerde und Flusskies gefüllt wird. Während der ganzen Vegetationsperiode muss häufig, aber sparsam gegossen werden, im Winter jedoch nur einmal im Monat. Die Temperatur darf im Winter bis auf 8–10 °C sinken.

Vermehrung

Wie bei den meisten Säulenkakteen ist die Vermehrung durch Stecklinge das schnellste Verfahren, um schnell eine ansehnliche Pflanze zu bekommen (siehe Seite 53).

Pilosocereus

Das riesige Verbreitungsgebiet dieser Gattung der Kakteenfamilie mit mehr als 30 Arten erstreckt sich über den amerikanischen Kontinent von Zentralamerika bis Brasilien und Peru. Charakteristisch ist die üppige weiße „Mähne", die bei ausgewachsenen Exemplaren den gesamten Stamm bedeckt.

▲ Nahaufnahme der Dornen von *Pilosocereus leucocephalus*.

Kulturart

Im Handel finden Sie meist die Art *Pilosocereus leucocephalus*, die auch unter dem früheren Namen *Pilosocereus palmeri* angeboten wird und in der Natur drei bis fünf Meter hoch werden kann mit zahlreichen, 8–10 cm dicken blaugrünen Verzweigungen. Die (sieben bis neun) Rippen sind ausgeprägt und ihre Kämme von Areolen gesäumt, aus denen jeweils zwölf radiale gelbe Dornen und 1–3 cm lange, kräftigere zentrale Dornen ragen. In Kultur kann die Pflanze nach einigen Jahren einen Meter hoch werden und an den Spitzen an Stelle der Dornen 5 cm lange Haare ausbilden. Die Pflanze blüht zwischen Juni und September; ihre Blüten öffnen sich nachts und verwelken dann. Die 6–8 cm langen Blütenblätter sind außen grün und rot überhaucht, während das Innere verschiedene Nuancen von Blassrosa zeigt.

Kultivierung

Im Gegensatz zu vielen anderen Sukkulenten muss *Pilosocereus leucocephalus* kräftig gedüngt werden und braucht ein reiches Substrat, das 40 % Kompost, 30 % Blumenerde und 30 % Flusskies enthalten sollte. Während der Vegetationsperiode muss zweimal im Monat ein flüssiger Volldünger mit den wichtigsten Spurenelementen verabreicht werden. Im Winter darf die Temperatur nicht unter 12 °C sinken, sonst kann die Pflanze von Pilzen befallen werden, die an braunen Flecken zu erkennen sind.

Pilosocereus leucocephalus **sollte vorzugsweise in einem Tongefäß kultiviert werden.**

Vermehrung

Auch bei *Pilosocereus*-Arten vermehrt man am besten über Stecklinge. Das Verfahren entspricht dem in der Einführung zu diesem Kapitel beschriebenen (siehe Seite 53).

Cephalocereus

Die vier oder fünf Arten dieser Gattung stammen alle aus Mexiko.

Kulturart

Die am häufigsten kultivierte Art *Cephalocereus senilis* ist wegen ihrer behaarten Spitze bekannter unter dem volkstümlichen Namen „Greisenhaupt“ oder „Greisenbart“. Obwohl diese Art an schwer zugänglichen Stellen auf Kalkhängen

▲ Unter der weißlichen Behaarung von *Cephalocereus senilis* verschwinden die Rippen des Stamms.

wächst, ist sie aus ihrem Ursprungsgebiet wegen Raubbaus zu kommerziellen Zwecken praktisch verschwunden.

Dieser Säulenkaktus verzweigt sich oft bereits an der Basis und kann innerhalb eines Jahrhunderts 15 m Höhe und 40 cm Durchmesser erreichen. Wird er in unseren Regionen kultiviert, wächst er jedoch langsamer und wird selten höher als 1 m. Der Stamm besitzt 12–13 Rippen. Sie sind dicht mit Areolen besetzt, deren jede 20–30 Dornen in Form weißer Haare trägt. Die gelblich weißen Blüten haben einen Durchmesser von 7 cm und sind etwa 9 cm lang. Sie öffnen sich nachts.

Kultivierung

Cephalocereus senilis wird in ein Gemisch aus je einem Drittel Blumenerde, Komposterde und Flusskies oder in Kakteensubstrat gepflanzt und braucht dann wenig Pflege. Im Sommer gedeiht er prächtig in voller Sonne, wenn er zweimal in der Woche sparsam gegossen wird und einmal im Monat stickstofffreien Dünger bekommt. Die weiße Behaarung soll nicht nass werden, denn sie würde sich dann gräulich verfärben. Im Winter ist darauf zu achten, dass die Temperatur nicht unter 10 °C sinkt und die Pflanze nicht gegossen wird.

Vermehrung

Am besten wird die Gattung *Cephalocereus* durch Samen vermehrt. Die Aussaat erfolgt im Frühjahr in eine Schale oder einen kleinen Anzuchttopf mit fein gesiebtem Substrat aus gleichen Teilen Blattkompost und Flusskies. Das Gefäß wird in einen mit lauwarmem Wasser gefüllten Untersetzer gestellt, in dem ein Mittel gegen Pilze gelöst wurde. (Erkundigen Sie sich am besten im Fachhandel.) Die Bewässerung erfolgt niemals von oben, sondern durch Kapillarwirkung. Nach acht Tagen erscheinen die ersten Keimlinge.

Espostoa lanata verträgt Temperaturen unter 0 °C, allerdings reagiert sie in unserem Klima empfindlich auf Niederschläge, hohe Luftfeuchtigkeit und winterlichen Mangel an Helligkeit und Sonnenlicht.

Espostoa

Praktisch alle *Espostoa*-Arten stammen aus dem Hochland von Peru, wo leichtes Wüstenklima herrscht mit kalten, aber sehr trockenen Wintern auf Böden ohne Wasser. Wegen dieser Bodencharakteristika bei gleichzeitiger starker Helligkeit sind diese Kakteen sehr kälteresistent.

Kulturart

Espostoa lanata ist ein baumartiger Säulenkaktus, der sich wie ein Kandelaber verzweigt. Er wächst auf einer Höhe bis zu 2 400 m und kann 4 m hoch werden bei einem Stammdurchmesser von 15 cm. Auf den Kämmen der 20–30 wenig ausgeprägten Rippen sitzen dicht beieinander Areolen mit etwa 2 cm langen weißen Haaren. Im Sommer erblüht die Pflanze nachts. Die an den Verzweigungen sitzenden weißen Blüten sind 6 cm lang, die anschließend gebildeten Früchte rot.

Kultivierung

Im Topf werden die Pflanzen selten mehr als 1 m hoch, im Freiland hingegen können sie bis zu 3 m erreichen. In Topfkultur braucht die Pflanze ein Gemisch aus je einem Drittel Komposterde, Blumenerde und Flusskies. Einmal in der Woche benötigt sie Wasser, einmal im Monat zusätzlich Volldünger. Im Winter genügt eine Temperatur um 5 °C, die Pflanze darf aber auf keinen Fall gegossen werden.

▼ *Espostoa lanata* ist eine hübsche Vertreterin der Säulenkakteen in Kandelaberform.

Vermehrung

Vermehrt wird durch Samen. Das Vorgehen ist das gleiche wie bei *Cephalocereus senilis* (siehe Seite 56).

Cereus

Zu dieser Gattung, die in Südamerika heimisch ist, gehören etwa 25 Arten. Die Pflanzen können mehrere Meter hoch werden.

Kultuart

Cereus peruvianus ist in Brasilien, Argentinien und Uruguay heimisch. Es handelt sich um großwüchsige Pflanzen, die mehr als 5 m hoch werden können, mit mehreren blaugrünen Stämmen. Die einzelnen Rippen sind durch tiefe Rillen voneinander geschieden

▶ Diese *Cereus-peruvianus*-Gruppe stammt aus Südamerika.

Cereus peruvianus **bildet im Sommer hinreißend schöne weiße Blüten. Jede blüht nur eine Nacht.**

und mit vier bis sieben 1 cm langen seitlichen sowie ein 2 cm langen zentralen Dorn bestückt.

Kultivierung

Im Winter verträgt die Pflanze Temperaturen über 5 °C, sie braucht ein Gemisch aus je einem Drittel reifem Blattkompost, Blumenerde und Flusskies. *Cereus peruvianus* muss ganzjährig hell stehen.

Hätten Sie's gewusst?

Die peruanische Säulenlaterne

Gegen Ende des 18. Jahrhunderts erhielt der Botanische Garten in Paris sehr viele exotische Pflanzen, von denen die Gärtner kaum wussten, wie sie gepflegt werden sollten, und vor allem wie groß diese unbekannten neuen Pflanzen werden könnten. In die Warmhäuser wurden junge Säulenkakteen aus Peru gepflanzt. Sehr bald stießen diese an das Glasdach des Gewächshauses. Sollte man sie nun kürzen oder eine technische Lösung suchen, um sie wachsen zu lassen? Man entschied sich für die zweite Lösung, und so erhielt das Gewächshaus einen gläsernen „Kamin“, der regelmäßig in die Höhe erweitert wurde, um die Bedürfnisse der unaufhörlich wachsenden Säulenkakteen zu befriedigen. Dieser Wuchs oberhalb des Gewächshauses erhielt später den Namen „peruanische Säulenlaterne“.

Vermehrung

Wegen des Wuchses und der Form erhält man neue Pflanzen ganz leicht durch Stecklingsvermehrung. Das Vorgehen ist am Anfang dieses Kapitels beschrieben (siehe Seite 53).

Pachycereus

Die allermeisten *Pachycereus*-Arten stammen aus Mexiko. Alle sind Säulenkakteen.

Kulturarten

Eine einzige Art ist problemlos im Handel zu finden: *Pachycereus marginatus* oder Orgelpfeifenkaktus, der mitunter auch *Marginatocereus marginatus* genannt wird. Wegen der weißfilzigen Areolen, die durchgängige Linien auf den Kanten der Rippen bilden und bei jungen Pflanzen wie Perlenketten wirken, heißt die Pflanze auch „Perlenkaktus". Die ausgewachsenen Pflanzen können 7 m hoch werden, mit einem Stammdurchmesser von 30 cm und fünf bis sieben ausgeprägten Rippen, die bei der adulten Pflanze flacher werden. Aus den Areolen sprießen sieben seitliche und ein bis zwei zentrale Dornen, die mit zunehmendem Alter grau werden, bis sie schließlich abfallen. Die Pflanze blüht bei Tage im Frühling. Die 6 cm langen glockenförmigen Blüten mit einem Durchmesser von 3 cm sind weiß, mit roten Staubgefäßen.

In Gärtnereien wird manchmal eine weitere Art, *Pachycereus pringlei*, angeboten. Sie besitzt sehr viele Dornen, deren Basis rot ist. Diese Säulenkakteen können kandelaberartig 15 m hoch wachsen. Sie blühen nachts, was aber in Kultur selten vorkommt.

▼ Wie Perlen aufgereiht sitzen die weißen Areolen an den Stämmen von *Pachycereus marginatus*.

Kultivierung

Pachycereus marginatus und *P. pringlei* sind schnellwüchsige Arten und eignen sich ideal für sehr hohe Veranden und Innenhöfe. Die Temperatur darf im Winter nicht unter 10 °C sinken und Boden- sowie Luftfeuchtigkeit müssen sich in Grenzen halten, um das Auftreten dunkler Flecken auf der Außenhaut der Pflanze zu verhindern, das auf einen Pilzbefall hinweist.

In seiner Heimat Mexiko liefert *Pachycereus* der einheimischen Bevölkerung Bauholz. Bei schlechter Ernährungslage werden die Samen zu Mehl verarbeitet.

Vermehrung

Die Pflanzen können sowohl durch Samen als auch durch Stecklinge vermehrt werden. Voraussetzung für die Aussaat ist eine Temperatur von 25–28 °C und eine hohe Luftfeuchtigkeit. Zu diesem Zweck wird die Anzuchtschale mit Plastikfolie abgedeckt. Das Substrat besteht aus reifer Komposterde und Flusskies zu gleichen Teilen. Drei bis fünf Monate nach Erscheinen der ersten Blätter kann umgetopft werden. Das neue Substrat wird aus je einem Drittel Komposterde, Blumenerde und Flusskies gemischt. Den Sommer über müssen die Pflänzchen an einer wenig sonnigen Stelle stehen und häufig gegossen werden. Im Winter darf nur sparsam gegossen werden, die Pflanzen brauchen einen hellen, kühlen Platz.

Euphorbia

Diese Gattung, die zur Familie der Wolfsmilchgewächse zählt, umfasst zahlreiche Arten von sehr unterschiedlichem Aussehen und mit biologischen Zyklen, die sich den Klimaverhältnissen auf den verschiedenen Kontinenten angepasst haben. Im tropischen und südlichen Afrika zählt man mehr als 400 Arten, die sich an die Trockenheit gewohnt haben: die xerophytischen Euphorbien. Viele dieser Pflanzen sind aus verschiedenen Gründen vom Aussterben bedroht, sei es durch Zerstörung ihres Lebensraums, sei es durch Raubbau zur Bedienung des internationalen Handels.

Arten und Kulturvarietäten

Die schnellwüchsige *Euphorbia grandicornis* bildet mehrere Meter starke Dickichte mit sehr charakteristischen Zweigen. Die jährlich erscheinenden Triebe wachsen in Stufen mit dreieckigem Durchmesser, deren Kanten mit kräftigen paarweise angeordneten Stacheln von 10 cm Länge bewehrt sind.

Mit ihren viereckigen Stämmen kann *Euphorbia candelabrum* 8–10 m hoch werden – ein majestätischer Anblick – aber viel Platz beanspruchen. Wenn die Pflanze 1–2 m groß geworden ist, bekommt sie gegen Ende des Sommers unscheinbare gelbliche Blüten.

Mit 2–3 m Höhe etwas üppiger und mit hübschen cremeweißen Streifen an den Rändern wirkt *Euphorbia lactea* durch ihre reiche Verzweigung sehr dekorativ.

Eine der bekanntesten und am häufigsten in Wohnräumen gehaltenen Arten ist unbestreitbar *Euphorbia milii*, der Christusdorn. Ihr Stamm ist dünn und trägt zartgrüne Blätter, aber auch Stacheln, und wächst buschig infolge der zahlreichen

◀ *Euphorbia milii* kann zu gewaltigen Büschen heranwachsen.

▶ Foto rechte Seite: Eidechsen flitzen munter auf diesem Gestrüpp blühender *Euphorbia resinfera* umher.

Verzweigungen. Die Blüte ist herrlich, vor allem bei den zahlreichen Neuzüchtungen, die derzeit im Handel sind.

Kultivierung

Alle sukkulenten Euphorbien sind frostempfindlich und brauchen im Winter Temperaturen zwischen 15–18 °C sowie wenig Wasser. Im Sommer benötigen sie Wärme und einen sehr hellen Standort. Als Substrat verwendet man je ein Drittel Blattkompost, Blumenerde mit niedrigem Stickstoffgehalt und groben Flusskies. Durch Einpflanzen in einen großen Ton- oder Plastiktopf von 30 oder 40 cm Durchmesser lässt sich das Wachstum von *Euphorbia grandicornis* und *E. candelabrum* in Grenzen halten.

Vermehrung

Am einfachsten ist die Vermehrung durch Stecklinge im Sommer. Erst wird ein 30–50 cm langes Stück der Mutterpflanze abgeschnitten. Dieses muss drei bis vier Wochen auf einem Bett aus Kies im Schatten liegend getrocknet werden, dann lässt man es in leicht angefeuchtetem Sand bewurzeln. Bei einer Temperatur von 25–28 °C erscheinen nach ein bis zwei Monaten Wurzeln. Der bewurzelte junge Steckling wird dann in das oben beschriebene Substrat verpflanzt.

Vorsichtsmaßnahmen

Da der Milchsaft der Euphorbien giftig ist, bildet er auch einen Schutz vor pflanzenfressenden Tieren.

Eines der Merkmale von Euphorbien ist der Milchsaft, der bei der geringsten Verletzung, auch beim Abreißen eines Blattes, als weißliche Flüssigkeit austritt. Dieser Milchsaft ist allgemein giftig und ein Kontakt mit Schleimhäuten und mit den Augen immer gefährlich. Manche allergischen Personen können, wenn der Saft in einen Hautkratzer gerät, mit Schwellungen und einem Gefühl der Verbrennung reagieren.

Hätten Sie's gewusst?

Der Christusdorn

„Christusdorn" lautet der volkstümliche Name der aus Madagaskar stammenden *Euphorbia milii*. Sie wurde erstmalig 1826 von dem französischen Botaniker Charles Des Moulins (1798 bis 1875) anhand einer Kollektion von Pflanzen beschrieben, die der Gouverneur der Insel Maurizius, Baron Milius, 1821 an den Botanischen Garten von Bordeaux geschickt hatte.

Hängende Sukkulenten

Auch die von Natur aus hängenden Sukkulenten gehören mehreren Familien an, darunter den Kakteengewächsen. Das Hauptmerkmal all dieser Pflanzen sind ihre biegsamen Sprosse. Sie besitzen allerdings keine Organe mit denen sie sich auf einer Unterlage festklammern könnten, wie etwa Haftscheiben oder Ranken. Auf den Boden gestellt kriechen die Sprosse und breiten sich flächenhaft aus, während sie, in Ampeln oder Amphoren gepflanzt, ganz natürlich herabhängen und das Pflanzgefäß unter den sukkulenten Sprossen und Blättern verschwindet.

Um die Vermehrung der Roten Spinne zu vermeiden, die eine Vorliebe für *Aporocactus* haben, sollte man zur Verbeugung die Pflanzen regelmäßig besprühen. Milbenbefall bekämpft man mit einem zugelassenen Akarizid.

Aporocactus

Von dieser kleinen Gattung der Kakteenfamilie, die aus Mexiko stammt, gibt es nur zwei Arten. Die volkstümlichen Namen „Schlangenkaktus“ und „Peitschenkaktus“ veranschaulichen die fadenförmige Gestalt der Sprosse und das etwas ungeordnete Aussehen der Pflanzen.

Kulturart

In Europa wird die Art *Aporocactus flagelliformis* nachweislich seit 1690 kultiviert. Ihre Robustheit und die Länge der Sprosse haben der Pflanze den Trivialnamen „Rattenschwanzkaktus“ eingebracht. Sie bildet stark verzweigte, dichte Büschel mit runden, 2 cm dicken Sprossen, die etwa 2 m lang werden können. Auf den acht bis dreizehn eng stehenden Rippen befinden sich im Abstand von 1 cm Areolen, die mit etwa 15 gelben bis hellbraunen Dornen bestückt sind. Im Frühling erscheinen während drei bis vier Tagen herrliche Blüten in dunklem Rosa.

Kultivierung

A. flagelliformis braucht ein saures Substrat aus je einem Drittel kalkfreiem Flusssand, Blattkompost und Torfmull. Während der Vegetationsperiode kann man die Pflanze ins Freie in einen Baum mit lichtem Laubwerk hängen. Das Gießen erfolgt so, dass das Substrat feucht bleibt. Alle drei Wochen sollte gedüngt werden. Im Winter braucht die Pflanze eine Temperatur von mindestens 10 °C und darf nicht gegossen werden. Dagegen sollte man sie von Zeit zu Zeit besprühen,

◀ Dieser prächtige Verandaschmuck eines hängenden *Sedum morganianum* versetzt in Ferienstimmung.

▲ Während der Blüte sieht der sonst schmucklose *Aporocactus flagelliformis* sehr dekorativ aus.

damit ihre Sprosse nicht austrocknen und Milben keine Chance haben.

Vermehrung

Am einfachsten ist die Vermehrung durch Stecklinge, die etwa 20 cm lang von den Sprossen geschnitten werden. Man lässt sie zehn Tage trocknen und anschließend in einem leicht feuchten Torfmull-Sand-Gemisch bei ungefähr 25 °C bewurzeln. Die günstigste Zeit ist der Sommer.

Heliocereus

Diese, zu den Kakteengewächsen zählende, recht kleine Gattung ist in den trockenen Wäldern des Hochlandes von Zentralmexiko und einigen Ländern Zentralamerikas heimisch. Anfangs wachsen die grünen Sprosse in die Höhe, dann buschig überhängend. Die Sprosse können 1 m lang werden, haben einen Durchmesser von etwa 3 cm und drei bis fünf ausgeprägte Rippen mit weißen Areolen, aus denen drei bis acht braungelbe Dornen sprießen. Die duftenden Blüten öffnen sich am Tage und haben einen Durchmesser von 10–15 cm. Die reifen, kugelförmigen Früchte sind essbar.

Aus dem Wunsch, die außergewöhnliche Schönheit der blühenden Pflanze zu verbreiten, haben Gärtner zahlreiche Hybriden mit einer anderen Gattung, nämlich *Epiphyllum*, gezüchtet. Daher sind in spezialisierten Gärtnereien viele Sorten erhältlich.

Derzeit gibt es keine wirklich einleuchtende Erklärung, warum Madagaskar das Ursprungsland einiger Kakteenarten ist, während alle anderen ausschließlich aus Amerika stammen.

Kultivierung

Das Substrat sollte Feuchtigkeit halten und außerdem sauer sein. Je ein Drittel kalkfreier Grobsand, Blattkompost und angereicherter Torfmull eignen sich ebenso gut wie Kakteen-Spezialerde. Um eine üppige Sommerblüte zu erhalten, ist eine monatliche Volldüngergabe erforderlich. Während *Heliocereus* vom Ende des Frühjahrs bis etwa Mitte September regelmäßig gegossen werden will, muss sie an einem trocke-

▲ „Front Runner" ist aus der Kreuzung von *Heliocereus-* und *Epiphyllum*-Gattungen hervorgegangen.

nen, hellen Platz ohne Wasser bei mindestens 10 °C überwintern.

Vermehrung

Die einzige Methode, mit der die Schönheit der Sorten erhalten bleibt, ist die Vermehrung durch Stecklinge. Ungefähr 15 cm lange frisch geschnittene Sprossstecklinge werden zum Bewurzeln in 20 °C warmes Substrat gesetzt, das je zur Hälfte aus Perlit und Komposterde besteht.

Rhipsalis

Die zu den Kakteengewächsen gehörende Gattung trägt auch den Namen Binsen- oder Korallenkaktus. Sie umfasst an die 40 Arten, die auf dem amerikanischen Kontinent zu Hause sind. Eine Ausnahme bilden unter anderem *Rhipsalis horrida* und *R. baccifera*; sie stammen von Madagaskar. Der Name „Rhipsalis" kommt aus dem Griechischen und bedeutet „Weidenrute", was ganz treffend auf die dünnen, biegsamen Sprosse der *Rhipsalis*-Arten hinweist.

Die büschelig wirkende Pflanze weist ganz viele dünne, oft hängende Sprosse auf, die 2 m lang werden können. Diese Sprosse sind je nach der Art flach oder zylindrisch, grün-gelblich bis dunkelgrün, und um die Areolen, die bei den einzelnen Arten dornenbewehrt sein können, manchmal rot. Die kleinen Blüten sind cremefarben, gelb, weiß, rosa oder violett. Sie blühen tagsüber im Herbst und werden von kleinen beerenförmigen Früchten in Rot, Violett oder Weiß abgelöst. Arten, die weiße Beeren bilden, heißen deswegen auch „Mistelkaktus".

▼ Hängende Sprosse von *Rhipsalis pilocarpa*

Kulturarten

Von den Arten, die am häufigsten im Handel angeboten werden, sind *Rhipsalis pilocarpa* (nach neuer Nomenklatur: *Erythrorhipsalis pilocarpa*) mit cremefarbenen Blütenblättern und rotem Herzen, die weiß blühende *R. mesembryanthoides*, die gelb blühende *R. pachyptera*, und *R. houlletiana* zu nennen. Letztere heißt neuerdings *Lepismium houlletianum*.

Am besten lassen sich ***Rhipsalis*** **als Ampelpflanzen halten, von denen die Sprosse elegant herabhängen können.**

Kultivierung

Die meisten *Rhipsalis*-Arten sind leicht zu kultivieren. Da diese so genannten Aufsitzerpflanzen in der Natur auf anderen Pflanzen leben, mögen sie reifen, feuchten Kompost als Unterlage, einen schattigen Platz und wollen im Sommer besprüht werden, vorzugsweise mit Regenwasser. Eine feuchte Atmosphäre fördert das Wachstum hervorragend. Zur Blütezeit im Winter gießt man etwas weniger und stellt die Pflanzen hell bei 12 °C.

Vermehrung

Die Vermehrung erfolgt während der Sommermonate durch 15–20 cm lange Sprossstecklinge, die bei etwa 25 °C in feuchten Sand gepflanzt werden.

▼ Charakteristisch für *Senecio herreanus* sind die Blätter, die an Rosenkranzperlen erinnern.

Senecio

Unter den 1500 Arten der auch als Greiskraut bekannten Gattung aus der Familie der *Asteraceae* gibt es einige, überwiegend aus Afrika stammende, hängende oder kriechende Arten.

Kulturarten

Vier Arten sind erwähnenswert. Die als Hängepflanze gut geeignete *Senecio pendulus* ist eine merkwürdige kriechende Pflanze mit graugrünen zylindrischen Sprossen und roten Blüten. Ursprünglich stammt sie aus Äthiopien. Die runden Blätter von *S. herreanus*, ebenfalls eine ausgesprochene Hängepflanze, erinnern an Rosenkranzperlen. Im Herbst bekommt sie blassgelbe Blüten. Wegen des zarten Flaums, der alle Teile der Pflanze einschließlich der eiförmigen Blätter überzieht, sieht *S. haworthii* silbrig-weiß aus. *S. ficoides* hat graugrüne fleischige Sprosse und zylindrische Blätter und wächst halb kriechend.

▲ In solchen Gefäßen wirkt *Sedum morganianum* ausgesprochen hübsch.

Kultivierung

Die Pflanzen brauchen ein gut durchlässiges Substrat aus je einem Drittel grobem Flusssand, Blumenerde und Blattkompost. Sie müssen bei über 5 °C trocken überwintern.

Vermehrung

Die beschriebenen verschiedenen Arten werden durch Sprossstecklinge vermehrt. Dabei werden etwa 10 cm lange Stecklinge in leicht feuchtes Sand-Torfmull-Substrat gepflanzt.

Sedum

Die im Volksmund als Fetthenne oder Mauerpfeffer bezeichnete Gattung gehört zur Familie der *Crassulaceae*. Man findet sie auf der gesamten nördlichen Halbkugel, auf Madagaskar und in einigen südamerikanischen Ländern. Über 500 ursprüngliche Arten gibt es, wobei auch einige in Deutschland heimisch sind.

Kulturarten

Hier soll nur von den meist hängenden Arten die Rede sein, die in Körben oder Ampeln arrangiert werden können. Unter diesen ist *Sedum sieboldii* zu nennen, aus dessen fleischigem Trieb kriechende Sprosse wachsen. Einige Sorten haben panaschierte Blätter. Die Farbe der Blüten spielt ins Rosa. *S. morganianum* hat biegsame, bis zu 60 cm lange Sprosse mit silberweißen sukkulenten Blättern.

Kultivierung

Sedum sieboldii kann in milden Gebieten im Freiland kultiviert werden. In kälteren Klimazonen müssen sie im Winter geschützt stehen.

Vermehrung

Am einfachsten ist die Vermehrung durch Blattstecklinge, die man in leichtes Substrat aus Sand und Komposterde setzt.

Kugelkakteen

Obwohl die Zuordnung dieser morphologischen Gruppe nicht immer leicht ist, handelt es sich im Wesentlichen um Pflanzen ohne erkennbare Blätter und mit sukkulentem Trieb, die gleichermaßen in die Höhe und in die Breite wachsen, wodurch eine Kugelform entsteht. Die Abmessungen der ausgewachsenen Pflanzen können ein paar Zentimeter oder das Zehnfache betragen wie der „Schwiegermuttersessel" *Echinocactus grusonii*.

Nicht alle Sukkulenten haben Dornen. Der Einfachheit halber, vor allem hinsichtlich der Handhabung, wird im Folgenden zwischen bewehrten, also stechenden, und unbewehrten, also glatten, Kugelkakteen unterschieden.

Bewehrte Kugelkakteen

Um sich selbst aber auch an den dornenbesetzten Kugelkaktus nicht zu verletzen sind einige Vorsichtsmaßnahmen bei der Pflege vonnöten. Dieser Nachteil wird jedoch durch eine Vielfalt der Formen, Farben und Dornen ausgeglichen, die es ermöglichen, immer wieder neue Gruppierungen zu gestalten.

Rebutia-Kakteen fühlen sich in kleinen Tontöpfen wohl.

Rebutia

Die Gattung *Rebutia* ist ursprünglich in Bolivien und Argentinien heimisch und umfasst kompakte Zwergformen mit über zehn Arten und zahlreichen Hybriden. Bereits junge Pflanzen kommen zu üppiger Blüte in den Farben Rosa, Rot, Gelb, Lila oder Creme. Für Anfänger, die wenig Platz haben, sind sie ideal, da sie keine besonderen Ansprüche stellen. Sie begnügen sich mit einem halbschattigen Platz und wenig Feuchtigkeit und vertragen im Winter Temperaturen bis 5 °C.

◀ *Rebutia minuscula* ist leicht zu kultivieren und bekommt herrliche Blüten.

Kulturarten

Der Handel hält mehrere Arten bereit. Davon sind nennenswert die goldorange blühende *R. aureiflora, R. minuscula,* die blassrosa farbene *R. heliosa* und die dunkelgelbe *R. marsoneri*.

▲ Die Gattung *Rebutia* erfreut durch ihre farbenprächtigen Blüten.

Kultivierung

Die Kakteen müssen in Spezialsubstrat aus porösem grobem Material wie Basaltsplitt oder Puzzolan gesetzt werden, das eine gute Luft- und Wasserdurchlässigkeit gewährleistet.

Vermehrung

Rebutien werden im Frühjahr durch Samen, ansonsten durch Vereinzeln von Ablegern vermehrt.

Vorsichtsmaßnahmen

Es besteht eine Anfälligkeit für die Rote Spinne. Die winzigen Insekten bohren sich in die Außenhaut, die sich braun-gräulich verfärbt. Ein Befall kann vermieden werden durch gute Belüftung.

Echinocereus

Die Igelsäulenkakteen stammen aus dem Norden Mexikos und aus den USA und sind ziemlich formenreich: kugel- oder säulenförmig, unverzweigt oder mehrfach verzweigt. 14 Tage beträgt die Blütezeit, wobei die herrlichen Blüten oft recht groß sind, aber sehr schnell verwelken.

Echinocereus eignen sich gut für Anfänger, die wenig Platz haben, aber über ein recht helles Zimmer mit einer sonnigen Ecke verfügen. Im Winter werden die Kakteen sehr trocken gehalten. Für einige Stunden überstehen sie sogar Temperaturen bis -5 °C.

Kulturarten

Von den im Handel erhältlichen Arten sind einige besonders zu empfehlen: *E. engelmannii*, Blüte von 7 cm Durchmesser in kräftigem Rosa; *E. enneacanthus*, purpurrote Blüte von 7 cm Durchmesser; *E. pectinatus* var. *dasyacanthus*, knallgelbe Blüte von 12 cm Durchmesser; *E. pentalophus*, karminrote bis lilarote Blüte von 10 cm Durchmesser.

Aus den purpurfarbenen Früchten von *Echinocereus dasyacanthus* kann man eine sehr leckere Marmelade zubereiten.

Kultivierung

Das Kultursubstrat muss durchlässig sein, damit die Pflanze keine nassen Füße bekommt. Grobes Material ist deshalb Hauptbestandteil. Umgetopft wird am besten im Frühjahr.

▲ Die Blüten von *Echinocereus pectinatus* sind oft riesig, verwelken aber sehr bald.

Vermehrung

Echinocereus wird durch Samen vermehrt. Die Aussaat erfolgt im Frühjahr in kleine Plastiktöpfchen mit einer Mischung aus je zur Hälfte Flusssand und reifer Komposterde. Zwei bis drei Monate später können die jungen Pflanzen in Tontöpfe versetzt werden.

Mammillarien

Mit mehr als 250 Arten ist die Gattung *Mammillaria* oder Warzenkaktus eine der umfangreichsten. Die verschiedenen Arten sind Zwergformen, die aus einzelnen oder manchmal aus mehreren verzweigten Kugeln bestehen. Ihr Herkunftsgebiet liegt in Nordmexiko und im Osten der USA.

Sie haben einige reizvolle Eigenschaften: Unter anderem blühen sie mehrere Wochen im Jahr prächtig, und zwar sind die kleinen Blüten kreisförmig auf dem oberen Ende der Pflanze angeordnet. Später entwickeln sich rote, längliche fleischige Früchte. Die eigentliche Schönheit dieser Gattung liegt in den ganz unterschiedlichen Formen der Dornen. Dadurch lassen sich schon auf kleinen Flächen sehenswerte Szenen und Miniaturstimmungsbilder gestalten. Die Dornen sind je nach Art gerade, gekrümmt, gefiedert, kantig, ein- oder mehrfarbig. So hat beispielsweise *M. pectinifera* kammförmige, *M. plumosa* gefiederte Dornen, während *M. albilanata*, *M. candida* und *M. carnea* über und über mit leuchtenden

Schildläuse kann man mit einer sehr wirksamen Methode bekämpfen: Durch Einpinseln mit einem Gemisch aus Spiritus und wässriger Nikotinlösung. So spart man sich und der Umwelt die „chemische Keule“.

Achtung beim Gießen! Die wolligen oder flaumigen Teile dürfen nicht nass werden, sonst verlieren sie ihren Glanz.

weißen Dornen bedeckt sind und *M. bombycina* mit gekrümmten rötlichen Dornen geschmückt ist.

Kulturarten

Die zahlreichen Arten dieser Gattung lassen sich im Allgemeinen leicht kultivieren. Trotzdem sollte man manche von ihnen wegen ihre Blüte nicht geringschätzen, beispielsweise *M. bocasana* mit gelblich weißen, rot gestreiften Blüten. Die Pflanze muss schattig stehen und die Temperatur darf nicht unter 5 °C sinken.

Auch die folgenden Arten sind der Aufmerksamkeit wert: *M. compressa* mit etwa 2 cm großen purpurroten Blüten; sie verträgt Temperaturen bis 5 °C; die mit weißem Flaum überzogene, sonnenbedürftige wunderhübsche *M. plumosa* mit einer grünlich weißen fast 2 cm großen Blüte; oder auch *M. prolifera*, die ganz unkompliziert zu halten ist, dicke Büschel bildet und im Sommer cremeweiße, 1–2 cm große Blüten bekommt. Sie liebt einen sonnigen Standort und Temperaturen über 10 °C.

▼ Wie eine Krone sitzen die Blüten von *Mammillaria pygmaea* kreisförmig oben auf der Pflanze.

Kultivierung

Das Substrat stellt keine besonderen Anforderungen, soll aber unbedingt porös und durchlässig sein. Bis auf *M. plumosa* und *M. pectinifera*, die einen leicht schattigen Platz bevorzugen, wollen die meisten Warzenkakteen hell stehen. Den Sommer über muss ein- bis zweimal wöchentlich gegossen werden.

Vermehrung

Vermehrt wird im Frühjahr entweder durch Samen oder durch abgetrennte Ableger.

Vorsichtsmaßnahmen

Die meisten *Mammilarien* sind anfällig gegen Schmierläuse.

▲ Bei *Parodia paraguayensis* sind die Blüten größer als die übrige Pflanze.

Notocactus

Eine sehr interessante südamerikanische Pflanzengattung, die aus Argentinien, Brasilien und Uruguay stammt, heißt *Notocactus* oder *Parodia*. Die etwa 30 Arten bekommen große gelbe Blüten, die annähernd an der Spitze der Sprosse sitzen. Bei einigen Arten weicht die Farbe ab: *N. purpureus*, bekommt purpurote Blüten, bei *N. uebelmannianus* sind sie knallrot und bei *N. mammulosus* leuchtend rosa. Pflege und Vermehrung dieser Kakteen erfolgen wie bei *Mammilaria*.

Unbewehrte Kugelkakteen

Die unbewehrten oder dornenlosen Kugelkakteen gleichen von der Form her oft den vorbeschriebenen, haben aber den Vorteil, dass man sie leichter und gefahrloser handhaben kann. Leider ist jedoch die Auswahl hier geringer als bei den dornenbewehrten Kakteen. Im Folgenden werden zwei unbewehrte Arten beschrieben, eine aus der Kakteenfamilie – *Astrophytum* – mit weniger als zehn Arten, ferner eine aus der Familie der *Euphorbiaceae*, deren Gattung *Euphorbia* über 2 000 Arten zählt!

Astrophytum

Von dieser Gattung sind derzeit vier Arten bekannt; gewöhnlich werden zwei von ihnen in Gärtnereien angeboten, nämlich *Astrophytum asterias*, der Seeigel-Sternkaktus und *A. myriostigma*, auch als Bischofsmütze bekannt. Da sie aus verschiedenen Herkunftsländern stammen, sind auch ihre Kulturbedingungen und ihre Kälteverträglichkeit verschieden.

Kulturarten

Volkstümlich heißt *Astrophytum asterias* wegen der abgeflachten Kugelform und der sechs bis acht durch Rillen begrenzten Rippen „Igelkaktus". Dieser Kaktus hat einen Durchmesser von 8–15 cm und wird 5 cm hoch, ist von olivgrüner Farbe und bei den einzelnen Pflanzen mit mehr oder weniger zahlreichen weißen Schuppen versehen. Er ist im

▲ Mitten auf dem Kopf der „Bischofsmütze“ *Astrophytum myrostigma* erscheint die Blüte.

Schwemmland von Mexiko zu Hause und hat die Besonderheit, dass er sich in Dürrezeiten einzieht, so dass nur der obere Teil sichtbar bleibt, um bei Beginn der Regenzeit wieder anzuschwellen. Die 5–6 cm großen gelben Blüten mit rotem Schlund erscheinen von Mai bis September.

Die zweite Art, *Astrophytum myriostigma*, ist im Jugendstadium abgeflacht kugelförmig, der Trieb schimmert silbern mit fünf bis zehn dreieckigen Rippen, deren ausgeprägte Kanten mit hellgrauen Areolen versehen sind, wird aber im Lauf der Zeit gute 50 cm hoch bei einem Durchmesser von etwa 35 cm.

Kultivierung

A. myriostigma stammt aus dem Hochland Nord- und Zentralmexikos. Die Art benötigt einen sonnigen, warmen Platz und soll in leichtem durchlässigen Substrat aus einem Drittel Komposterde, einem Drittel Sand und einem Drittel leichter Blumenerde stehen. Sie gedeiht gut, wenn sie alle zehn Tage sparsam gegossen wird und bei Temperaturen über 10 °C überwintert.

Die Pflege und Handhabung von *A. asterias* ist nicht ganz so einfach. Sie benötigt ein Substrat aus 25 % Kies, 25 % Grobsand und 50 % Lehmerde. Im Sommer genügt es, alle zwei Wochen zu gießen, im Winter allerdings verträgt die Pflanze keine Feuchtigkeit und keine Temperaturen unter 5 °C.

Vermehrung

Wie die anderen Kugelkakteen werden auch diese Arten durch Samen vermehrt.

Den Namen *Euphorbie* erhielt die Pflanze zu Ehren von Euphorbus, dem Arzt des Herrschers von Mauretanien, Juba II., der einer Überlieferung zufolge durch den Saft eines Wolfsmilchgewächses geheilt wurde.

Euphorbia

Mit etwa 2 000 Arten hat die Gattung *Euphorbia* in Form von Sukkulenten, Holzgewächsen und Krautpflanzen sowie verschiedenen biologischen Zyklen Vertreter in allen Klima-

> **Hätten Sie's gewusst?**
>
> **Eine halluzinogene Pflanze**
>
> An dieser Stelle müssen wir auf die Gattung *Lophophora* hinweisen. Bekannter ist ihr indianischer Name „Peyotl". Diese Pflanze enthält Alkaloide, die Halluzinationen hervorrufen. Die indianischen Schamanen in Mexiko gebrauchen diese Droge, um sich bei bestimmten rituellen Handlungen in Trance zu versetzen.

zonen der Erde, und zwar kurzlebig wie die Annuellen mit nur ein paar Monaten Lebensdauer, und langlebige Pflanzen, die mehrere Jahrzehnte alt werden können.

Kulturarten

Euphorbia obesa, der Lebende Baseball, ist eine bemerkenswerte Zwergform. Der glatte, zart gestreifte rötlich braune Trieb weist acht kleine Rippen auf. Die Art ist zweigeschlechtlich, deshalb kann man Samen nur gewinnen, wenn eine männliche und eine weibliche Pflanze beieinander stehen. Auch weitere Arten wie *E. bupleurifolia*, *E. susannae* oder *E. meloformis* kann der Kakteenliebhaber erwerben.

Kultivierung

Die Pflege ist weitgehend unproblematisch, sofern man Euphorbien im Winter Temperaturen über 15 °C bietet und sie in ein sandiges, durchlässiges Substrat aus einem Drittel Kies, einem Drittel Flusssand und einem Drittel Blumenerde pflanzt. Im Winter muss der Boden feucht gehalten werden, um ein Austrocknen der Wurzeln zu vermeiden, kräftiges Gießen ist untersagt.

▼ *Euphorbia obesa* besitzt einen glatten Trieb und keine Dornen.

Vermehrung

Im Frühjahr werden die Samen auf sandigem Grund bei einer Temperatur um 28 °C ausgebracht.

Vorsichtsmaßnahmen

Wie bei allen *Euphorbiaceen* ist der weißliche Milchsaft, der beim Schneiden aus Sprossen und Blättern sickert, hautreizend und giftig.

Sukkulenten mit Blattrosetten

Das Hauptmerkmal der Rosettenpflanzen sind die um eine Knospe angeordneten fleischigen Blätter. Wenn die Pflanze in die Höhe wächst, sieht man nur Knoten und keine Stängelzwischenräume (Internodien), wodurch der typische gedrungene Eindruck entsteht. Diese Besonderheit ist aber keine typische Eigenschaft von Sukkulenten, sondern findet sich bei zahlreichen Krautpflanzen, beispielsweise bei Gänseblümchen.

Im Winter begnügt sich ***Aeonium*** mit einem hellen Raum und einer Temperatur zwischen 5–10 °C.

Aeonium

Zur Familie der Dickblattgewächse gehörend, zählt die Gattung *Aeonium* etwa 40 Arten, die vor allem auf den Kanarischen Inseln anzutreffen sind. Die teils fleischigen und teils intensiv gefärbten Blätter sind in Varianten je nach Pflanzenart rosettig angeordnet. Die Blätter an der Basis sind am ältesten, im Allgemeinen vertrocknen sie, fallen dann ab und geben einen Hauptspross frei, der sich verzweigen kann, so dass die kleinen Pflanzen wie Bäumchen wirken.

Nach der Blüte im Juli bis August geht die Rosette, die den Blütenstiel trug, zugrunde und die anderen Sprosse treten an ihre Stelle. Eine Ausnahme bildet *Aeonium tabuliforme*, die abstirbt, sobald ihre Samen reif sind.

Kulturarten

Aeonium arboreum ist die verbreitetste Art mit fleischigen, stark verzweigten Sprossen, die an den Enden graugrüne Rosetten tragen. Die Pflanze sieht baumähnlich aus und kann 1 m hoch werden. Die Sorte *Atropurpureum* hat dunkelpurpurne Blätter. Es gibt auch eine fast schwarze Variante. Die meisten Vertreter der Art gedeihen in den Gärten der Mittelmeerküste. Sie blühen gelblich im Juni und Juli.

Ganz flach und mit einer Rosette, deren Durchmesser 40 cm erreichen kann, wächst *Aeonium tabuliforme* im Schatten und auf feuchtem Felsgestein. Nachdem sie geblüht hat, geht die Pflanze zugrunde. Daher müssen rechtzeitig die Samen geerntet oder ein paar Blätter für die vegetative Vermehrung durch Stecklinge gesammelt werden.

Seltener sieht man die kurzstämmige *Aeonium nobile*, die große hellgrüne, in der Mitte gefaltete Blätter hat.

◀ Die Blätter von *Aeonium decorum* sind gleichmäßig um eine zentrale Knospe angeordnet, ein Merkmal aller Pflanzen mit Blattrosetten.

▲ Die Sorte *Aeonium arboreum* „Schwarzkopf" genießt den Platz an der Sonne.

Kultivierung

Das Substrat soll gut durchlässig sein und aus grobem Flusssand, Blumenerde und Blattkompost zu je einem Drittel bestehen. Die meisten *Aeonium*-Arten wachsen schnell und müssen deswegen alljährlich im Frühsommer umgetopft werden. Die Töpfe sollten aus Ton sein, ihr Durchmesser größer als der Erdballen. *Aeonium* benötigt einen sonnigen Platz und muss im Sommer häufig und reichlich gegossen werden. Ab September und während des Winters müssen die Wassergaben reduziert werden und man befeuchtet nur einmal im Monat den Erdballen.

Vermehrung

Eine Vermehrung durch Samen und durch Stecklinge ist möglich. Am schnellsten erhält man eine schöne Pflanze, indem man eine ganze Rosette mit einem 5–10 cm langen Sprossstück als Steckling verwendet. Dieser wird im Juli oder August bei konstant 25 °C in ein leichtes Substrat aus Sand und Komposterde gesetzt. Nach einem Monat ist der Steckling bewurzelt und kann in Kultursubstrat gepflanzt werden.

Die Vermehrung durch Samen dauert länger und ist schwieriger. Für *Aeonium tabuliforme* bietet sich diese Methode aber an. Gegen Ende des Frühjahrs gibt man den Samen in eine Pflanzschale mit einem fein gesiebten Gemisch aus Sand und Komposterde zu gleichen Teilen. Hohe Luftfeuchtigkeit und 25 °C sind für die Keimung wichtig. Zwei oder drei Monate später kann man in Anzuchttöpfchen aus Ton vereinzeln.

Aeonium muss besonders sorgfältig beobachtet werden, denn die Wurzeln sind sehr beliebt bei Schmierläusen, die in Scharen über sie herfallen können.

Krankheiten

Manche Schädlinge lieben *Aeonium*, besonders Blattläuse gegen Ende des Winters und Schmierläuse. Oft lässt sich eine Behandlung mit zugelassenen Insektiziden nicht vermeiden.

Sempervivum

Bei Hauswurz oder – wissenschaftlich – *Sempervivum* aus der Familie der Dickblattgewächse handelt es sich um Pflanzen, deren Herkunftsgebiete von einem großen Teil Südeuropas bis zum Kaukasus und vom Atlasgebirge bis in den südlichen Mittelmeerraum reichen. Um die 50 Arten wachsen außerdem in Gebirgsgegenden, und zwar in Felsspalten.

Außer den botanischen Arten gibt es zahlreiche spontane Varietäten oder vom Menschen gezüchtete Hybriden, die oft in bemerkenswerten Farben blühen. Häufig werden Hybriden allerdings unter den verschiedensten Namen verkauft und sind deshalb schlecht zuzuordnen.

Die fleischigen Blätter sind rosettig um einen kurzen Trieb angeordnet. Aus dieser oft farbigen Blattrosette wächst im Juni bis Juli der Schüppchen tragende Blütenstängel mit sternförmigen, farbigen Blüten. Sobald die Fruchtentwicklung abgeschlossen ist, stirbt die Mutterpflanze ab, nachdem sie junge Pflanzen gebildet hat, die das vegetative Überleben der Art sichern.

▼ *Sempervivum* gedeiht prächtig im Steingarten, wie dieser Teppich aus *Sempervivum calcareum* beweist.

Kulturarten

Die Blattrosetten von *Sempervivum arachnoideum* (Spinnweben-Hauswurz) sind von weißen Haaren überzogen, die an ein Spinnennetz erinnern. Sie haben einen Durchmesser von 3–6 cm. Die Blüten sind dunkelrosa.

Nahe verwandt mit *S. calcareum* und bemerkenswert wegen seiner großen Rosetten aus graugrünen Blättern mit rötlichen Spitzen ist *Sempervivum tectorum*, der Dach-Hauswurz. Er blüht rosafarben.

Aus Griechenland stammt *S. wulfenii* mit dekorativen gelben Blüten.

Kultivierung

Die meisten Hauswurz-Arten stellen keine besonderen Ansprüche an Temperatur und Luftfeuchtigkeit und können in der Wohnung wie im Freien gehalten werden. Dagegen brauchen die

In manchen Gegenden wurde früher ***Sempervivum tectorum*** als Blitzableiter auf die Firstpfette der Strohdächer gepflanzt.

Steingarten- oder Geröllpflanzen durchlässige Böden, in denen sich kein Wasser staut. Verwenden Sie auch bei einer Pflanzung im Freiland stark wasserdurchlässige Erden mit hohem Kiesel- und Flusssandanteil. Die Frosthärte hängt von dieser Durchlässigkeit ab, also von dem fehlenden Wasserrückhaltevermögen des Bodens.

Vermehrung

Sempervivum kann durch Samen vermehrt werden, aber die schnellste und sicherste Methode ist die Stecklingsvermehrung. Dazu genügt es, im August die jungen Ableger, die eine hübsche Rosette tragen, abzutrennen und in Anzuchttöpfchen mit einem gut durchlässigen Gemisch aus je einem Drittel Flusssand, Blattkompost und Blumenerde zu setzen. Sobald diese Stecklinge bewurzelt sind, können sie an ihren endgültigen Platz gepflanzt werden.

Echeveria

Die etwa 130 Arten der Gattung *Echeveria*, die zu den Dickblattgewächsen zählen, stammen aus Südamerika, Zentralamerika und Mexiko. Sie bilden dichte Rosetten, die je nach Art glatt und wächsern oder mit feinen Härchen bedeckt sind. Mit der Zeit fallen die alten Blätter ab und ein nackter, aufrechter oder kriechender Trieb wird sichtbar, an dessen Ende sich eine Rosette befindet. Die sehr üppige Blüte in vielen verschiedenen Rot- und Gelbtönen beginnt im Frühjahr und dauert bis in den Sommer hinein.

Kulturarten

Einige Arten werden in großem Umfang zur Dekoration von Wohnungen sowie als sommerlicher Schmuck im Freiland genutzt. Von den im Handel erhältlichen Arten wären zu nennen *Echeveria leucotricha*, *E. setosa*, *E. derenbergii* und *E. gibbiflora*.

Mit seinen 10–15 cm breiten Rosetten und weiß behaarten Blättern blüht *E. leucotricha* zinnoberrot den ganzen Frühling hindurch.

E. setosa wird in großen Mengen zu Dekorationszwecken gezüchtet. Die Art ist an den dunkelgrünen Blattspitzen stark behaart und blüht gelb-rot von April bis in den Juli hinein.

Sehr gern und häufig nutzen Gärtner in öffentlichen Parkanlagen für mosaikartig gestaltete Flächen *E. derenbergii*, deren niedrige Wuchsformen mit 4–6 cm großen graublauen Rosetten kleine rote Blattspitzen bilden. Im Sommer blühen sie üppig gelb-rot.

Echeveria ist bei Sukkulentenfreunden sehr begehrt, denn diese Pflanzen mit ihren Blattrosetten in allen möglichen Farben und Größen wirken in einem Zimmer ausgesprochen dekorativ.

Von den beschriebenen Arten hebt sich *E. gibbiflora* mit blass gelb-orange getönten Blüten, 30 cm langen, großen grün bläulichen Blättern und Sprossen, die 60–80 cm hoch werden können, deutlich ab.

Kultivierung

Die frostempfindlichen Pflanzen können entweder ganzjährig im Topf gehalten oder abwechselnd im Topf und während des Sommers im Freiland. Im letzten Fall werden die Pflanzen Ende September/Anfang Oktober aus der Erde genommen und zum Überwintern fertig gemacht: Verdorrte Blätter werden entfernt, die jungen Rosetten abgetrennt und an einem trockenen Platz bei etwa 10 °C untergebracht. Das Substrat für die Topfkultur muss durchlässig sein und je ein Drittel Blattkompost, Blumenerde und groben Flusssand enthalten. Während des Winters darf nur sehr sparsam gegossen werden.

Vermehrung

Die beste Methode ist die Stecklingsvermehrung einer Blattrosette mit einem wenige Zentimeter langen Spross. Im Sommer werden die abgenommenen Stecklinge in feucht gehaltenen Sand gesetzt. Nach einem Monat kann man die bewurzelten Stecklinge umpflanzen.

▼ Mit ihrem oft reichen Blütenflor sind *Echeverien* dekorative Pflanzen.

Sukkulenten mit Stammverdickungen

Die Verdickung des Stammes kann als eine Art Speicherorgan angesehen werden, mit der Aufgabe, Wasser- und Nahrungsvorräte für die Pflanze einzulagern, während die chlorophyllhaltigen grünen Blätter oft vergänglich sind. Diese Anpassungsform kommt bei verschiedenen Familien vor (*Apocynaceae, Asklepiadaceae, Dioscoreaceae, Euphorbiaceae*). Sukkulenten mit Stammverdickungen findet man hauptsächlich im Süden Afrikas und auf Madagaskar.

Adenium

Die Gattung *Adenium* gehört zur Familie der *Apocynaceae* oder Hundsgiftgewächse und umfasst einige Arten, die aus den Halbwüsten Asiens und Afrikas stammen.

◀ Die Stammverdickung und die langen fadenförmigen Blätter sind charakteristisch für *Nolina recurvata*.

▼ Sogar kleine Pflanzen von *Adenium obesum* zeigen im Sommer einen hübschen Blütenflor.

Kulturart

Eine einzige Art, die im Süden der Sahara verbreitet ist, lässt sich ziemlich einfach im Topf halten, nämlich *Adenium obesum*, die Wüstenrose. Aus dem verdickten Stamm wachsen dicke Äste mit etwa 1,5 cm langen sommergrünen Blättern. In Kultur kann die Pflanze maximal 1 m hoch werden, wobei die Verdickung einen Umfang von etwa 20 cm erreicht. Sogar die kleinen Pflanzen schmücken sich im Sommer mit herrlichen rosa-violetten Blüten. Im Handel werden mehrere sehr blühfreudige Sorten angeboten.

Kultivierung

A. obesum liebt nährstoffreiche Böden mit guter Dränage. Das Substrat wird aus je einem Drittel Blattkompost, Blumenerde und Flusssand gemischt. Während der schönen Jahreszeit muss dem Gießwasser ein Volldünger zugesetzt werden. Im Winter brauchen diese Pflanzen eine Mindesttemperatur von 15 °C und einen hellen Standort. Beim Gießen einmal im Monat darf das Substrat nur leicht angefeuchtet werden.

Hätten Sie's gewusst?

Die Wüstenrose

Adenium obesum **wird häufig unter einem anschaulicheren poetischeren Namen – nämlich „Wüstenrose" – verkauft. In Thailand wurde ein intensives Selektions- und Anbauprogramm entwickelt; das Ergebnis ist unter dem Namen „Bangkok" im Handel. Anders als** *Pachypodium* **hat diese Wüstenrose niemals Stacheln.**

Um eine stattliche Stammverdickung zu bekommen, darf der Stamm nicht zu weit aus der Erde herausragen, bis der richtige Umfang erreicht ist. In der Tat sind beim Kontakt mit Licht die Wasserverluste größer, so dass das Dickenwachstum dann begrenzt ist.

Vermehrung

Am häufigsten ist die Vermehrung durch Samen. Möglich ist auch das Pfropfen auf eine Unterlage derselben Familie, beispielsweise auf *Nerium oleander*.

Manche Arten von *Pachypodium* bringen in ihrem natürlichen Lebensraum ein ungewöhnliches Phänomen hervor: Ihre dicken knorrigen Stämme können an der Basis einen Durchmesser von 1 m erreichen.

Pachypodium

Diese ebenfalls zur *Apocynaceae*-Familie gehörende Gattung umfasst etwa 15 Arten, die alle aus Madagaskar und dem Süden Afrikas stammen.

Die meisten sind in ihren Ursprungsländern durch die Zerstörung ihres Lebensraums und durch Raubbau zur Bedienung der europäischen und amerikanischen Märkte bedroht. Allerdings gibt es inzwischen auch viele Baumschulen, in denen diese Pflanzen ohne Raub an der Natur aus Samen gezüchtet werden.

Kulturarten

Pachypodium lamerei, die auch als „Madagaskarpalme" bekannt ist, obwohl sie keineswegs mit Palmen verwandt ist, besitzt einen dicken, sehr dornigen Stamm, der von buschigen Blättern überwölbt ist. Im Winter werden die Blätter gelb und fallen ab, um im beginnenden Frühjahr nachzuwachsen. Kultiviert wächst *P. lamerei* schnell und kann im Freiland 6–8 m hoch werden. Als Topfpflanze ist sie nur schwer zu bewegen, die weißen Blüten zu bilden.

Es gibt weitere lohnende Arten, die allerdings seltener kultiviert werden, wie zum Beispiel *P. succulentum*, *P. brevicaule* und *P. densiflorum*. Alle drei Arten haben Stammverdickungen, die aber insgesamt nicht sehr ausladend sind.

▲ Die Stammverdickung von *Pachypodium rosulatum* wird teilweise von sommerlichem Laub verdeckt.

Kultivierung

Sobald die Pflanze die Blätter verloren hat, darf sie nur langsam wieder sparsam gegossen werden, wenn sie neue Blätter ansetzt. Die schwierigste Zeit ist der Winter, dann braucht die Pflanze einen hellen Platz und eine Temperatur über 15 °C. Das Substrat soll aus grobem Flusssand, Blumenerde und Kies zu je einem Drittel gemischt werden. Wegen der Porosität gedeihen *Pachypodien* erfahrungsgemäß viel besser in Tontöpfen als in Kunststoffbehältern.

Vermehrung

Die einzige Methode ist die Vermehrung durch Samen. Im zeitigen Frühjahr werden die Samen in Pflanzschalen oder Anzuchttöpfchen mit fein gesiebtem Substrat aus gleichen Teilen Sand und reifem Blattkompost ausgebracht. Bei einer Temperatur von 25–30 °C und 80 % Luftfeuchtigkeit keimen die abgedeckten Samen sehr rasch und können zwei Monate später in ein Substrat aus je einem Drittel Komposterde, Flusssand und Kies gepflanzt werden; dabei muss die Temperatur ständig um 20 °C betragen.

Jatropha

Die Gattung *Jatropha* gehört zur Familie der Wolfsmilchgewächse und umfasst zahlreiche Arten, die aus dem tropischen Amerika und Afrika sowie von Madagaskar stammen und sämtlich eine mehr oder weniger stark entwickelte Stammverdickung aufweisen.

Jatropha podagrica oder Guatemalarhabarber wird leicht von Schmierläusen befallen: Ein Besprühen mit Schmierseifenlösung oder zugelassene Insektizide schaffen Abhilfe.

Kulturart

Im Handel findet man meist *Jatropha podagrica*, die auch am einfachsten zu kultivieren ist. Auffallend sind besonders die merkwürdigen Blüten, die wie Korallen aussehen. Die Art ist laubwerfend, das heißt, im Herbst fallen die großen gestielten und gelappten Blätter.

▲ Diese hübsche Stammverdickung einer *Jatropha*-Spezies wird von ihren einjährigen Blättern gekrönt.

Kultivierung

Die Pflanzen vertragen keine Kälte und brauchen im Winter eine Temperatur von mindestens 15 °C. Sobald die Blätter fallen, darf man sie nicht mehr gießen. Gibt man ihnen ein Substrat aus je einem Drittel vollreifen Blattkompost, Flusssand und Basaltsplitt oder Puzzolan und gießt sie im Sommer reichlich und bei guter Nährstoffversorgung kann die Pflanze zum Blühen kommen. Am besten hält man sie in Tontöpfen.

Vermehrung

Die Vermehrung erfolgt im Frühjahr durch Samen. Als Substrat wird Flusssand verwendet. Bei einer Temperatur von 25 °C und einer konstanten Luftfeuchtigkeit über 80 % keimen die Samen innerhalb von acht Tagen. Vier Wochen später kann man sie in Substrat pflanzen.

Ceropegia

Die Gattung *Ceropegia*, zur Familie der *Asclepiadaceae* gehörend, stammt ursprünglich aus dem Süden Afrikas und ist heute mit rund 60 Arten in Asien, Ozeanien, Afrika und auf Madagaskar vertreten. Die Formen und fleischigen Teile der Pflanze sind je nach Art sehr verschieden. So findet man beispielsweise sukkulente Sprosse oder Blätter oder lange fleischige Zweige mit oder ohne oberirdische Verdickungen.

Kulturarten

Unter mehreren Arten, die im Handel angeboten werden, ist *Ceropegia linearis* subsp. *woodii* besonders leicht zu kultivieren. Sie trägt den populären Namen „Herzchenkette", hat dünne, lange Sprosse, an denen gegenständig herzförmige Blätter sitzen, aus deren Blattachsel im Herbst kleine röhrenförmige violette Blüten sprießen. In Kultur verteilen sich entlang den Sprossen kugelförmige Verdickungen, deren Umfang zu den Sprossspitzen hin abnimmt.

Erwähnenswert unter den anderen Arten sind die aufrecht wachsende C. *fusca* mit gegliederten zylindrischen Sprossen und C. *sandersonii*, die Kletternde Leuchterblume, mit ihren grünlich gelben Blüten.

► Rechte Seite: Charakteristisch für *Ceropegia linearis* subsp. *woodii* sind die langen dünnen Sprosse, die herzförmigen Blätter und die Röhrenblüten.

> In Kultur sind die Ceropegien sehr hübsch, während sie in der Natur oft übersehen werden. Es sind eher allein stehende Pflanzen, die gern im Schatten dichter Büsche wachsen.

Kultivierung

Die Pflanzen brauchen Tontöpfe mit nährstoffreichem, durchlässigem Substrat, wie es auch für Pachypodien verwendet wird (siehe oben). Im Winter benötigen sie nur ganz wenig Wasser, aber eine Temperatur über 10 °C.

Vermehrung

Auch hier ist die Stecklingsvermehrung die einfachste und schnellste Methode. Gegen Ende des Frühjahrs schneidet man 10–15 cm lange Sprosse und setzt sie in Anzuchttöpfchen mit Flusssand und Torfmullmull zu gleichen Teilen. Auch das pH-neutrale vulkanische weiße Perlit ist sehr gut geeignet. Der Steckling wird unter Abdeckung bei etwa 25 °C gehalten. Er bewurzelt sich sehr rasch und kann nach einem Monat in Kultursubstrat umgepflanzt werden.

Dioscorea

Die auch als Yamswurzel bekannte Gattung stammt aus dem Süden Afrikas. Den wenigen Arten ist gemein, dass sie wie ein Schildkrötenpanzer aussehen.

Kulturart

Dioscorea elephantipes trägt zu Recht seinen Namen „Elefantenfuß“, denn die Stammverdickung dieser Pflanze kann beträchtlich sein. Im Jahr nach der Aussaat erscheint ein kugelförmiges Stammknöllchen von 1 cm Durchmesser, aus dem ein einziges Blatt wächst. In den Jahren danach bilden sich einjährige lange kletternde Sprosse. Sie verschwinden alljährlich und wachsen in der kommenden Saison erneut. Mit zunehmendem Alter wird der Stamm dicker und bekommt knollige Auswüchse. In der Natur kann der Umfang bis zu 1 m betragen. In Topfkultur ist sie bescheidener: Nach 15 Jahren kann sie etwa so dick wie ein Fußball sein.

▼ *Dioscorea elephantipes* hat einjährige lianenartige Sprosse; sie überwuchern die Stammverdickung, die aus dem Topf ragt.

Kultivierung

Die Pflanze ist pflegeleicht, sofern man sie in nährstoffreiches, luftdurchlässiges Substrat aus je einem Drittel Blätterkompost,

Blumenerde und Basaltsplitt oder Puzzolan pflanzt. Während der Sommermonate muss sie regelmäßig gegossen werden, im Winter unterlässt man aber das Gießen. Beim Überwintern genügt eine Temperatur um 10 °C.

Vermehrung

Dioscorea lässt sich nur durch Samen vermehren. Die gesammelten Samen müssen drei Monate lang sehr feucht und bei erhöhter Temperatur von 25–30 °C gelagert werden. Am Frühjahrsende sät man in kleine Anzuchttöpfe mit sehr sandigem Substrat. Nach Erscheinen der ersten Blätter können die jungen Pflänzchen in Tontöpfe mit Kultursubstrat pikiert werden.

▲ *Beaucarnea recurvata* syn. *Nolina recurvata* wächst zwar ziemlich langsam, muss aber etwa alle drei Jahre umgetopft werden.

Nolina

Von den etwa 25 Arten der Gattung *Nolina*, die sämtlich aus Nordamerika stammen, wird nur eine einzige kultiviert, nämlich *Beaucarnea recurvata* syn. *Nolina recurvata*. Sie gehört zu den Drachenbaumgewächsen und bildet eine mehr oder weniger kugelförmige Stammverdickung, aus der Rosetten mit langen fadenförmigen, biegsamen und faserigen Blättern wachsen.

Kultivierung

B. recurvata wächst zwar relativ langsam, kann aber im Lauf mehrerer Jahre bis 1 m hoch werden. Sie gedeiht gut in nährstoffreichem, durchlässigem Substrat aus je einem Drittel Komposterde, Blumenerde und Kies. Den Winter übersteht sie problemlos ohne Wasser in einem gut belüfteten, hellen Zimmer bei einer Temperatur nicht unter 10 °C.

Nolina recurvata ist botanisch neuerdings der Gattung _Beaucarnea_ zugeordnet worden.

Vermehrung

Nolina wird ausschließlich durch Samen vermehrt. Das Vorgehen ist das gleiche wie bei der Gattung *Dioscorea* (siehe oben).

Blattsukkulenten

Alle nachstehend beschriebenen Pflanzen haben eines gemeinsam: Sie besitzen dauernd oder zeitweise sukkulente Blätter. Die Lebensweisen dieser Pflanzen sind unter natürlichen Bedingungen dagegen sehr unterschiedlich. Während *Epiphyllum* symbiotisch auf anderen Pflanzen lebt, „verschwinden" manche Gasterien bei längeren Dürrezeiten, wogegen *Kalanchoe, Aloe, Sansevieria* ausdauernde Blätter haben und wie die meisten Pflanzen leben. In dieser Kategorie beobachtet man außerdem eine große Vielfalt der Familien mit häufig übereinstimmenden Merkmalen und Anpassung an die klimatischen Bedingungen.

Gerade in der Familie der Agavengewächse gibt es weitere interessante Gattungen, die einen Hauch Exotik bringen können, beispielsweise *Dracaena* und *Yucca.*

Zwei bedeutende Merkmale unterscheiden die Familien der Aloegewächse und der Agavengewächse voneinander. Das erste ist die geografische Herkunft: Die *Aloaceen* stammen aus Afrika, die *Agavaceen* hingegen aus Amerika. Das zweite Unterscheidungsmerkmal ist die Häufigkeit der Blüte. Die meisten Aloegewächse blühen alljährlich, die Agavengewächse jedoch selten und episodisch, wobei der Wurzelstock der Pflanze, nachdem diese reich geblüht hat, abstirbt.

Epiphyllum

Die Gattung *Epiphyllum* stammt aus den feucht-warmen Wäldern Zentralamerikas und gehört mit ihren etwa 20 Arten zur Kakteenfamilie. Sie wächst als Aufsitzerpflanze epiphytisch, das heißt auf anderen Pflanzen, ist aber kein Parasit. Die hellgrünen Sprosse sind lang und stark verzweigt und haben Luftwurzeln, mit denen die Pflanze sich festklammern kann.

Kulturarten

Epiphyllum chrysocardium bildet ungefähr 15 cm lange und 5 cm breite, stark gezähnte flache Verästelungen.

Die Areolen tragen keine Dornen, aber zuweilen einige feine Borsten. Die Blüten öffnen sich nachts; sie sind 30 cm lang und haben einen Durchmesser von 10–15 cm. Außen sind sie rosafarben, die Blütenblätter hingegen innen weiß mit goldgelben Staubgefäßen, aus denen ein weißer Stempel herausragt.

Obwohl *x Epicactus* zu einer Hybridgattung gehört, die aus der Kreuzung von epiphytischen oder kletternden Gat-

◀ Im Freiland kann *Agave americana* einen Durchmesser von 3 m erreichen.

▲ *Epiphyllum* sp. sind epiphytische Pflanzen ohne Dornen. Sie blühen nachts.

tungen und Arten der Kakteenfamilie hervorgegangen ist, gibt es von ihm sehr viele herrliche tagblühende Sorten. Empfehlenswert sind „Chauncey" mit 15 cm großen lilaroten Blüten, die rosa-orange blühende „Crinoline Lady" mit 12 cm Durchmesser, „Achievement" mit 15 cm großen gelben Blüten und „Alba superba" mit 10–12 cm großen weißen Blüten.

Kultivierung

Alle diese Pflanzen benötigen ein leicht saures Substrat aus 40 % Blattkompost, 30 % kalkfreiem Kies und 30 % neutraler oder leicht saurer Blumenerde. Die Pflanzen müssen stets im Halbschatten stehen und regelmäßig gegossen werden, so dass der Erdballen ständig feucht bleibt. Im Winter darf die Temperatur nicht unter 15 °C sinken.

Vermehrung

Meistens werden *Epiphyllum*-Arten durch Sprossstecklinge vermehrt. Am Ende des Frühjahrs trennt man ein 10–15 cm langes Sprossstück ab und lässt es zwei Wochen an der Luft trocknen. Dann setzt man diesen Steckling in feuchten Sand von etwa 25 °C. Nach einem Monat wird der bewurzelte Steckling in Kultursubstrat gepflanzt.

Ins Freiland gepflanzt, kann sich der Umfang einer *Kalanchoe* verdreifachen, was allerdings einige Probleme mit dem Überwintern nach sich zieht.

Kalanchoe

Die Gattung *Kalanchoe* aus der Familie der Dickblattgewächse umfasst annähernd 130 Arten, die überwiegend aus Afrika, insbesondere aus dem Süden des Kontinents, und von Madagaskar stammen. Als Zimmerpflanze ist sie sehr gut geeignet. Sämtliche Arten sind krautig oder buschig mit dicken sukkulenten Blättern, die manchmal mit feinen, nicht stechenden Haaren überzogen sind. Sie blühen üppig im Winter oder im beginnenden Frühling. Die vierzähligen Blüten sind in Trugdolden angeordnet.

Kulturarten

Am häufigsten wird *Kalanchoe blossfeldiana*, das Flammende Käthchen, angeboten. Von ihr gibt es zahlreiche Varietäten mit gezähnten grünen Blättern und Blüten in Gelb, Orange, Rot und Rosa.

Nennenswert ist auch *K. beharensis*, ein kleiner Strauch mit hübschen silbergrauen Blättern, *K. pumila* mit kleinen silbrigen, an den Spitzen stark gezackten Blättern, *K. tomentosa* mit flaumig silbrigen oder braun gefleckten Blättern und *K. daigremontiana*, botanisch jetzt zur Gattung *Bryophyllum* gehörend, mit der Besonderheit, dass sie neue Pflänzchen an ihren Blatträndern bildet.

▼ Kultivare von *Kalanchoe blossfeldiana* mögen es warm. Es gibt sie in vielen Gärtnereien.

Kultivierung

Kalanchoe sind ausdauernde Pflanzen. Sie lieben Wärme und ein sehr nährstoffreiches Substrat aus je einem Drittel Komposterde, Flusssand und Blumenerde. Wichtig ist, dass man ihnen ein- oder zweimal im Monat einen kaliumreichen Dünger gibt. In der Schönwetterzeit kann man *Kalanchoe* ins Freiland setzen, muss sie aber ab Mitte September hereinholen, weil sie Temperaturen unter 10 °C sehr schlecht vertragen. Im Winter müssen die Pflanzen sehr hell bei 18–20 °C stehen und einmal im Monat gegossen werden.

Vermehrung

Am einfachsten ist die vegetative Vermehrung in Sand durch Spross- oder Blattstecklinge. Bei *K. daigremontiana* braucht man bloß die von den Blättern herabgefallenen jungen Pflänzchen zu nehmen und direkt in Kultursubstrat zu setzen.

Liegt es an der Form der Blätter oder am Ruf einer Personengruppe? Jedenfalls lautet der volkstümliche Name der ***Sansevieria*** mancherorts „Schwiegermutterzunge“.

Sansevieria

Die gut 60 *Sansevieria*-Arten gehören zur Familie der Drachenbaumgewächse und sind in Afrika zu Hause, wo sie in Halbwüsten wachsen. Die zähen Blätter sind unterschiedlich geformt, nämlich zylindrisch, flach, rosettig an kurzen Sprossen angeordnet oder büschelartig mehr oder weniger eng an einem unterirdischen Spross sitzend. Im Sommer erscheinen weiße oder gelbe, oft duftende Blüten.

Kulturarten

Am bekanntesten ist *Sansevieria trifasciata* mit ihren Sorten „Laurentii“, die gelb und grün panaschierte Blätter hat, und „Hahnii“ mit kurzen rosettigen Blättern. Zu erwähnen sind auch *S. grandis* und *S. cylindrica*.

Kultivierung

Sansevierien sind leicht zu halten, sind aber empfindlich gegen Kälte und Nässe. Im Winter brauchen sie einen Standort bei 15 °C. Das Kultursubstrat sollte durchlässig sein und ein Drittel Kies, ein Drittel Flusssand und ein Drittel eines Gemisches von Blumen- mit Komposterde enthalten. Im Sommer muss man sie reichlich gießen und zweimal im Monat düngen.

▼ *Sansevieria trifasciata* „Laurentii“ hat zähe panaschierte Blätter.

Vermehrung

Sehr verbreitet sind zwei Methoden, wobei die Teilung des Wurzelstocks oder von Büscheln am schnellsten zum Erfolg führt. Traditioneller ist die Vermehrung durch Stecklinge. Man schneidet einen 20 cm langen Blattsteckling, lässt ihn etwa zehn Tage trocknen und dann in einem Topf mit feuchtem Sand bei 25 °C bewurzeln. Vier Wochen später pflanzt man den Steckling in Kultursubstrat.

Gasteria und Haworthia

Diese beiden im Süden Afrikas heimischen Gattungen, zu denen insgesamt über 140 Arten gehören, werden heute der Familie der *Aloaceae* zugerechnet. Die Gattung *Haworthia* mit ihren 70 Arten zeigt eine große Formenvielfalt; manche sind anderen Gattungen so ähnlich, dass man sie leicht verwechseln kann. Das Gleiche gilt für die Gattung *Gasteria*, von der viele Arten früher der Gattung *Aloe* zugeordnet wurden.

Manche von diesen Arten leben eher unterirdisch und lassen nur die Spitzen ihrer flachen sukkulenten Blätter an der Oberfläche erscheinen. In Dürrezeiten ziehen die Wurzeln die ganze Pflanze ins Erdreich hinein, ohne zugrunde zu gehen. Erst mit dem Regen kehren die sukkulenten Blätter an die Oberfläche zurück. Die Pflanzen bevorzugen schattige Standorte und sind wegen ihrer geringen Wuchsfreudigkeit bestens für kleine und auch nicht sehr helle Wohnungen geeignet.

Gasteria

Die Blätter von *Gasteria*-Arten wirken ausgesprochen dekorativ durch ihre Struktur und die warzigen weißen Papillen an den Blattoberseiten.

Kulturarten

Zu nennen sind die mit weißen Punkten gesprenkelte *G. carinata* var. *verrucosa*, *G. batesiana*, die vor allem durch ihre hübschen weißen Blüten erfreut, und die langsam wachsende *G. nitida* var. *armstrongii*, die im Sommer korallenrot blüht.

▼ Diese *Gasteria* sp. wachsen in einem Steingarten, ihre Entwicklung ist verlangsamt.

Kultivierung

Als gut durchlässiges Substrat hat sich ein Gemisch aus je einem Drittel Kies, Flusssand und Blumenerde bewährt. Im Winter braucht die Pflanze eine Temperatur von 15 °C und darf nicht gegossen werden.

Vermehrung

Am einfachsten ist die Vermehrung durch abgetrennte Ableger.

▲ *Haworthia attenuata* ist kälteempfindlich, ansonsten aber pflegeleicht.

Haworthia

Nicht immer fügt sich die Natur den Kriterien, mittels derer der Mensch Pflanzen allein nach ihrer Morphologie klassifiziert. Dies gilt auch für die Gattung *Haworthia*, von der einige Arten auch anderen Klassen zugeordnet werden könnten.

Kulturarten

Zwar haben *Haworthia maughanii* und *H. truncata* große Ähnlichkeit mit den Lebenden Steinen – trotz der gezackten Blätter – doch müssen mehrere Arten den Blattsukkulenten zugerechnet werden. Unter diesen seien genannt *H. attenuata* mit spitzen weiß gesprenkelten und rosettig angeordneten Blättern, ferner *H. limifolia* mit weiß und rotbraun gestreiften Blättern und *H. cymbiformis*, die einer *Echeveria* täuschend ähnlich sieht.

Kultivierung

Diese Gattung wächst gut in einem durchlässigen Substrat aus je einem Drittel Gartenerde, Flusssand und Kies. Besondere Pflegemaßnahmen sind nicht erforderlich, abgesehen davon, dass im Winter eine Temperatur über 10 °C benötigt wird und nicht gegossen werden darf.

Vermehrung

Am einfachsten ist die vegetative Vermehrung durch Ableger oder Blattstecklinge in einem Torf-Sand-Gemisch.

Aloe

Die Gattung *Aloe* gehört zu den *Aloaceae* und zählt mehr als 350 Arten. Da sie außerordentlich vielfältig ist, was Größen, Formen und Farben betrifft, kann man sich eine sehr dekorative und abwechslungsreiche Sammlung dieser Pflanzen anlegen. Geschickt arrangiert, können mit *Aloe* richtige Landschaften gestaltet werden, indem man Arten, die 10–15 m hoch werden können, mit viel kleineren kombiniert, die allenfalls eine Höhe von gut 10 cm erreichen.

Typisch für diese Gattung ist die spiralige Anordnung der Blätter um den zentralen Spross. Je nach Art können die länglichen, dreieckigen Blätter gelb, weiß oder braun gestreift sein. Die Pflanze blüht im Herbst und im Winter in sehr hübschen Orange-, Gelb- und Rottönen.

Sämtliche *Aloe*-Arten enthalten einen bitteren klebrigen Pflanzensaft, der pharmazeutisch vor allem zur Behandlung von Verbrennungen verwendet wird.

***Aloe* gehört zu den Gattungen, deren verschiedene Arten Trockenheit und extremes Licht, wie sie in den Trockengebieten im Süden Afrikas und auf Madagaskar anzutreffen sind, am besten vertragen.**

Da die meisten *Aloe*-Arten bis 0 °C kälteresistent sind, kann man sie in wärmeren Gegenden in gut durchlässigem Boden im Freiland halten. Wenn man den Boden im Winter abdeckt, bleiben einem im Frühjahr böse Überraschungen dahingehend erspart, dass die Pflanze gefault oder das Wurzelsystem erstickt ist.

Kulturarten

Die am häufigsten kultivierte, wenn auch nicht unbedingt schönste Art ist *Aloe vera*. Von den dekorativen Arten sind zu nennen: *A. variegata* mit sehr schönen, weiß gesprenkelten Blättern; die sehr dekorative und wuchsfreudige *A. x spinosissima*; *A. striata* mit der sehr großen Blattrosette; *A. mitriformis*, deren fleischige Blätter wie ein Kaminaufsatz angeordnet sind; *A. rauhii*, eine kleine Pflanze mit sehr zarten Blättern.

Kultivierung

Wie viele andere Sukkulenten braucht *Aloe* ein gut durchlässiges Substrat mit je ein Viertel Kies, grobem Flusssand, Komposterde und Blumenerde. Im Sommer muss reichlich gegossen werden, während die Pflanzen im Winter trocken und hell stehen sollten und die Temperatur nicht unter 5 °C sinken darf. Im Freiland verträgt die *Aloe* noch niedrigere Temperaturen, so um 0 °C, trockenen Boden vorausgesetzt.

▼ Zur Gattung *Aloe* gehören zahlreiche sehr dekorative Arten.

◀ Vorhergehende Doppelseite:
Agave attenuata hat eine Besonderheit: Es fehlen die Stacheln.

▶ Rechte Seite:
Mit ihren panaschierten Blättern wirkt die *Agave angustifolia* „Variegata" ausgesprochen dekorativ.

Vermehrung

Aus Ablegern kann man zwar sehr rasch eine ansehnliche Pflanze ziehen, aber die viel langwierigere Vermehrung durch Samen ist die einzige Möglichkeit, eine gut und harmonisch gewachsene große Pflanze zu bekommen. Gesät wird im Frühjahr bei einer Temperatur von 25 °C. Zwei bis drei Monate nach dem Aufgehen der Saat werden die jungen Pflänzchen in kleine Tontöpfe vereinzelt.

Agave

Die Gattung *Agave* gehört zur Familie der Agavengewächse und stammt aus Mexiko. Von ihren mehr als 100 Arten findet man viele wild wachsend an der Mittelmeerküste. Die rosettig angeordneten langen Blätter sind dick und faserig, an den Rändern mit Stacheln besetzt und ihre Spitze läuft in einen harten Stachel aus. Agaven blühen nur ein einziges Mal, aber sehr spektakulär, denn die Blütenstiele können mehrere Meter hoch werden. Die Quittung für diese Blütenpracht ist allerdings der Tod der Pflanze, die jedoch ihren Fortbestand durch Verbreitung Tausender von Samen und durch Ableger sichert.

Kulturarten

Unter den vielen Arten sind einige besonders attraktiv, zum Beispiel *Agave victoriae-reginae* mit weißen Querstreifen; *A. ferox* mit breiten Blättern, die sehr harte spitze Stacheln haben; *A. filifera*, von deren raumgreifenden schmalen Blättern lange Fasern herabhängen; *A. attenuata*, die sehr schöne graugrüne Blätter, doch vor allem keine Stacheln hat; schließlich *A. americana* mit schmalen, stachelbewehrten Blättern und einem Durchmesser von mitunter bis zu 3 m; von ihr gibt es eine gelb und grün panaschierte Varietät.

Durch Destillation des Pflanzensaftes von ***Agave lophantha*** und ***A. tequilana*** gewinnt man den berühmten Tequila. Aus den Blättern der ***Agave sisalana*** werden die Fasern extrahiert und zu Sisal verarbeitet.

Kultivierung

In Kultur können Agaven sehr üppig werden und nach ein paar Jahren reichlich Platz beanspruchen. Unter guten Bedingungen wachsen sie im Freiland sehr schnell. Da die Pflanzen nicht frosthart sind, vertragen sie Temperaturen unter – 5 °C schlecht, es sei denn, das Klima ist trocken und ebenso der Boden. Im Winter mögen Agaven einen trockenen, hellen und kühlen Standort und wollen nicht gegossen werden. Als Substrat empfehlen wir ein Drittel Kies, ein Drittel Komposterde aus reifem Mist und ein Drittel Blumenerde. Falls es nicht möglich ist, die Agaven ins Freiland zu setzen, sind große Töpfe oder Container erforderlich.

Kakteen mit scheibenförmigen Sprossgliedern

Der Begriff „scheibenförmig" wird in der Botanik auf natürlich „umgewandelte" Sprosse angewandt. Die Pflanzen, deren verschiedene Glieder, welche die Sprosse bilden, gleichzeitig chlorophyllhaltig sind und die flache Form eines Tennisschlägers aufweisen, gehören im Wesentlichen zur Gattung *Opuntia* in der Kakteenfamilie. Obwohl die Zahl der Arten etwa 400 beträgt, beschränkt sich ihr natürliches Verbreitungsgebiet einzig auf den amerikanischen Kontinent. Bestimmte Arten wurden aus verschiedenen Gründen im 15. Jahrhundert in Afrika und etwas später auch in Australien eingeführt.

Früher wurden mehrere Arten – wie *Opuntia ficus-indica, O. cochenillifera, O. tomentosa* – angebaut, um darauf Schildläuse zu züchten, aus denen dann der begehrte rote Farbstoff Karmin extrahiert wurde. Dieses Vorgehen wurde vor etlichen Jahrzehnten durch die synthetische Herstellung abgelöst.

Nachdem die Opuntien außerhalb ihres Herkunftslandes angesiedelt worden waren, akklimatisierten sie sich, fanden ihren Platz in dem neuen natürlichen Lebensraum und wurden mitunter lästig. Für die Artenvielfalt und für die örtlichen Pflanzengesellschaften bereiten sie zahlreiche Probleme.

Mehrere Arten sind ziemlich robust und können ungefährdet Minustemperaturen vertragen.

Kulturarten und -varietäten

Die bekannteste und verbreitetste Art ist der Feigenkaktus oder *Opuntia ficus-indica*, von der es viele Formvarianten gibt. Der Feigenkaktus kann 5 m hoch werden. Ihre hellgrünen 40–50 cm langen und 20 cm breiten Sprossglieder sind mit weißen Areolen besetzt, aus denen bis zu sechs Dornen ragen können. Die Pflanze blüht tagsüber im Sommer, die gelben, manchmal ins helle Orange spielenden Blüten haben einen Durchmesser von etwa 8 cm. Die Früchte sind essbar und werden als Barbarie-Feigen im Handel angeboten.

Die kleinere, höchstens 1 m hohe *Opuntia microdasys* stammt aus Mexiko. Von buschigem, stark verzweigtem Wuchs bildet sie 15–20 cm lange elliptische Sprossglieder. Diese sind mit Areolen gespickt, aus denen kleine behaarte Dornen wachsen, die bei der geringsten Bewegung abfallen. In Kultur findet man sie zwar selten, aber sie bekommen im Sommer hübsche gelbe Blüten, die sich tagsüber öffnen. Die kugelförmigen roten Früchte enthalten eine Menge schwarzer Kerne. Im Handel werden viele Hybriden angeboten, unter ihnen „Angel's Wings", „Albispina" und „Ondulata".

◀ Bei *Opuntia* sitzen die Blüten an den scheibenförmigen Sprossen.

▲ *Opuntia robusta* zeichnet sich durch besonders starke Dornen aus.

Nennenswert ist auch die niedrig wachsende Art *Opuntia macrocentra* mit hellblauen Sprossgliedern von etwa 20 cm Durchmesser und einigen Areolen, aus denen schwärzliche 8–15 cm lange, aufgerichtete mit Widerhaken besetzte Haare (Glochiden) wachsen! Ab Beginn des Sommers blüht die Pflanze über drei bis vier Wochen. Die Blüten sind gelb mit rotem Herz und welken schnell.

Opuntia robusta stammt ebenfalls aus Mexiko. In der Natur kann die buschartige Pflanze, deren dicke Sprossglieder oft mehr breit als hoch sind, 5 m hoch werden. Auf den Areolen sitzen rötliche Glochiden und einige Dornen, die erst gelb und in reifem Zustand weiß sind.

Mit violetter bis purpurner Blüte bei Tage ist *Opuntia basilaris* eine buschige, 1 m hohe Art, die in Nevada, Arizona und dem Norden Mexikos heimisch ist. Die 15–20 cm langen Sprossglieder sind blaugrün oder rotgrün. Auf den Areolen sitzen braune Glochiden und manchmal ein kurzer Dorn.

Kultivierung

Eine der Besonderheit der meisten Opuntien ist ihre Unempfindlichkeit gegen niedrige, ja sogar Temperaturen unter 0 °C. Daher kann man einige von ihnen auch im Freiland halten. Allerdings müssen dann zum Winter zwei wesentliche Vorsichtsmaßnahmen ergriffen werden: Der Boden um die Pflanze muss geschützt werden, damit die Wurzeln nicht erfrieren und das Substrat nicht nass wird. Zum Schutz gegen Unwetter kann ein kleines Schutzdach nützlich sein. *Opuntia ficus-indica* und *O. microdasys* vertragen bis zu -5 °C, *O. robusta*, *O. basilaris* und *O. macrocentra* sogar bis zu -8 °C. Falls diese Pflanzen in Töpfen gehalten werden, sollte man sie im Sommer ins Freie stellen, weil das die Blüte fördert. Das Substrat soll nährstoffreich, aber gut durchlässig sein. Im Sommer muss häufig gegossen werden.

▶ Rechte Seite: Die Areolen auf den Sprossgliedern von *Opuntia microdasys* sind nahezu vollkommen gleichmäßig verteilt.

Vermehrung

Die einfachste Methode ist die Vermehrung durch Stecklinge von Sprossgliedern im Sommer. Es genügt, die abgetrennten Sprossglieder senkrecht in feuchten Flusssand zu setzen (siehe Seite 35 ff.).

Lebende Steine

Manche Pflanzen ahmen die Umgebung so perfekt nach, dass man sie als „Lebende Steine“ bezeichnet. Tatsächlich kann man ihre fleischigen Blätter leicht mit Steinen verwechseln.

Die Pflanzen lieben volles Licht und vertragen dauernde Feuchtigkeit und kühle Witterung schlecht. Im Wesentlichen gehören sie zur Familie der *Aizoaceae* mit mehr als 2 000 Arten, die im südlichen Afrika beheimatet sind.

Auch wenn Lebende Steine klein, ja fast unscheinbar sind, bekommen sie doch bemerkenswerte, sehr große Blüten in lebhaften Farben.

Die Lebenden Steine können ohne Licht nicht leben, auch Schatten vertragen sie nicht. Bei ungenügendem Licht werden die Blätter blassgrün, der Spross wird länger und die Pflanzen kommen niemals zur Blüte.

Der Wasserbedarf ist sehr gering und während der Ruheperiode nach der Blüte muss auf das Gießen ganz verzichtet werden. Die schlimmsten Feinde sind Kälte und Feuchtigkeit, deshalb müssen Lebende Steine immer geschützt an einem hellen Platz bei nie weniger als 10 °C stehen.

Vermehrung

Die meisten Arten werden gegen Ende des Frühjahrs durch Samen vermehrt, die in einer Anzuchtschale mit fein gesiebtem Substrat aus gleichen Teilen Blattkompost und Flusssand ausgebracht und kaum bedeckt werden. Die Feuchthaltung geschieht ausschließlich durch Kapillarwirkung mit lauwarmem Wasser. Über die notwenige Beigabe eines Fungizids zur Vorbeugung gegen Pilzkrankheiten besteht in Fachkreisen keine Übereinstimmung. Feuchtigkeit und Wärme (28 °C) müssen konstant bleiben.

Das Pikieren in kleine Anzuchttöpfe erfolgt erst fünf Monate später in sehr durchlässiges Substrat. Der Topfboden wird 5 cm hoch mit grobem Flusssand oder Basaltsplitt (oder Puzzolan) gefüllt und darüber bis 1 cm unter dem Topfrand mit einem Gemisch aus feinem Flusssand und Blattkompost. Die Komposterde muss desinfiziert sein. Eine einfache Methode besteht darin, das Gemisch für 15 Minuten bei 100 °C in den Backofen zu stellen (siehe Seite 33).

Beim Pikieren muss man mit einem kleinen Stift einen Kanal bohren, in den die junge Pflanze gesetzt wird. Danach muss die Erde um die Wurzeln leicht angehäuft und durch Kapillarwirkung befeuchtet werden. So vorbereitet wird das Töpfchen bei 25 °C ins Helle gestellt, aber nicht in direkte Sonne.

◀ Die spektakulären Blüten von *Lithops karasmontana* brechen zwischen den beiden merkwürdigen Blättern hervor.

Hätten Sie's gewusst?

Mimikry oder die Kunst der Verstellung

Unter Mimikry versteht man die Fähigkeit, mit der Umgebung zu verschmelzen. Dieses Phänomen wurde lange Zeit von den Naturforschern nicht anerkannt. Sogar Jean Henri Fabre (1823 bis 1915) sprach von Kinderei und verurteilte alle, die es beobachtet haben wollten. Und doch ist es diese „Camouflage", die Lebende Steine in ihrem natürlichen Umfeld im afrikanischen Süden nutzen. Sie imitieren Größe, Farbe und Struktur der Steine ihrer Umgebung. Auf diese Weise werden sie von Pflanzenfressern, beispielsweise Straußen, nicht wahrgenommen.

Nichtsdestoweniger lassen sich die Gattungen *Lithops*, *Conophytum* und *Faucaria* auch durch Stecklinge vermehren. Mit einem glatten Schnitt trennt man einen Steckling von dem Spross und lässt ihn zehn Tage lang trocknen. Dann pflanzt man ihn in sehr leichtes Substrat auf der Basis von Grobsand. Ein paar Wochen später erscheinen die ersten Wurzeln.

Lithops ist relativ leicht zu kultivieren, da die Vegetationsperiode der Pflanze sich mühelos dem Lauf der Jahreszeiten auf der nördlichen Hemisphäre anpasst.

Lithops

Mit etwa 40 Arten sind *Lithops* echte Lebende Steine. Sichtbar sind nur zwei fleischige, miteinander verschweißte Blätter, denn der Spross sitzt unterirdisch und ist so vor der Sonne geschützt. Die abgerundeten, verschieden gezeichneten Blätter erneuern sich alljährlich; dabei schrumpfen die alten Blätter und machen einem neuen Blattpaar Platz.

Kulturarten

Zur Gattung *Lithops* gehören zahlreiche Arten, von denen einige leicht im Handel zu finden sind. Nennenswert unter ihnen sind: *Lithops herrei*, *L. karasmontana*, die beide weiß blühen, und die zwei gelb blühenden Arten *L. helmutii* und *L. aucampiae*.

Kultivierung

Nach einer vegetativen Ruheperiode im Winter und dem Wachstum im Frühjahr blühen die Pflanzen im August und September. Die Blüten haben einen Durchmesser von 3–4 cm. Das Kultursubstrat wird aus gesiebtem Kompost, Flusssand und Blumenerde zu je einem Drittel gemischt. Um die Durchlässigkeit des Sandes zu verbessern, kann etwas Basaltsplitt oder Puzzolan beigemischt werden.

► Rechte Seite:
Die Mimikry von *Lithops* stellt eine Waffe gegen Feinde dar.

▲ Die Blüten von *Lithops aucampiae* erscheinen von August bis September.

Vermehrung

Im Frühjahr werden die Samen in warmer Umgebung auf Substrat aus gesiebtem Sand ausgebracht. In der Folge verfährt man, wie auf Seite 109 für Lebende Steine beschrieben.

Vorsichtsmaßnahmen

Es ist unerlässlich, sehr sparsam zu gießen und die Ruheperioden einzuhalten.

Conophytum

Bei dieser Gattung, zu der mehr als 315 Arten zählen, die alle in Felsspalten und Schluchten leben, ist die Oberfläche der beiden miteinander verschmolzenen Blätter charakteristischerweise verringert. Indem sie austrocknen, schützen sie die Knospe, aus der im folgenden Jahr die neuen Blätter sprießen. Während der einen Hälfte des Jahres sehen *Conophytum* aus, als wären sie tot. Das stimmt aber nicht. Unter der bräunlichen Hülle der vertrockneten Blätter bereitet sich, vor allem gegen Ende des Sommers, die Erneuerung und Wiedergeburt der Blätter vor. Erst dann darf man damit beginnen, von Zeit zu Zeit den Boden zu befeuchten.

Kulturarten

Liebhaber Lebender Steine können sich auf einer kleinen Fläche eine beachtliche Sammlung zusammenstellen, die in

▲ *Conophytum* sind pflegeleicht und bilden stets leuchtende Blüten.

allen möglichen Farben blühen. Nennenswert unter den zahlreichen Arten sind: die violett blühende *Conophytum nudum*, C. *pillansii* in Blassrosa, C. *umdausense* und C. *bilobum* in Gelb sowie C. *velutinum* in Zartviolett.

Kultivierung

Bis man aus einer einzigen Pflanze eine Gruppe gezüchtet hat, dauert es mehrere Jahre. Das Gegenstück zu dieser Wartezeit ist die enorme Langlebigkeit der Pflanzen, die wenig Pflege brauchen und sehr selten umgetopft werden müssen. Dafür müssen jedoch die Ruhezeiten eingehalten werden und das Gießen darf nur sparsam erfolgen.

Vermehrung

Vermehrt wird durch Samen. Dabei ist es unerlässlich, sich an die Regeln zu halten, die für die Gesamtheit der Lebenden Steine definiert wurden. Das Substrat muss in jedem Fall mineralbetont sein mit je einem Drittel Flusssand, Basaltsplitt oder Puzzolan und Blumenerde.

Faucaria

Zu dieser Gattung gehören nur etwa 30 Arten. Sie eignen sich gut für den Anfänger, sofern er zwei einfache Regeln beherzigt: in gut durchlässiges Substrat pflanzen und nicht zu oft gießen. Die sehr fleischigen dreieckigen Blätter sind dreidimensional. Jedes neue Blattpaar schiebt sich über das vorhergehende, indem es eine Drehung um 90 Grad bewerkstelligt. Die oberen Ränder dieser Blätter sind meist gezahnt oder mit starren Borsten besetzt.

Kulturarten

Im Handel sind derzeit zwei Arten erhältlich: *Faucaria tuberculosa* und *F. felina*. Gegen Ende des Sommers bilden sie gelbe Blüten mit einem Durchmesser von etwa 4 cm.

Kultivierung

Während des Sommers müssen die Pflanzen sparsam gegossen werden, ab Oktober und während der winterlichen Ruhezeit ist selbst das untersagt. Im Oktober müssen die

Pflanzen dann ins Haus geholt und an einen hellen, trockenen Platz gestellt werden.

Vermehrung

Wie die anderen Lebenden Steine können *Faucarien* durch Samen vermehrt werden. Am schnellsten zum Ziel führt jedoch die vegetative Vermehrung. Zu diesem Zweck schneidet man Sprossstücke tief an der Basis des Stamms glatt ab. Diese Stecklinge werden auf leicht feuchten Sand gesetzt, dessen Temperatur um 25 °C beträgt. Die bewurzelten Stecklinge werden in Anzuchttöpfchen in gut durchlässiges Substrat aus grobem Flusssand, Basaltsplitt oder Puzzolan und Blumenerde gepflanzt.

Frithia und Fenestraria

Beide Gattungen besitzen durchsichtige „Fenster" an ihren Blattspitzen. Die Rosette sitzt unter der Erde und nur die durchsichtigen Spitzen in Form kleiner Keulen kommen zum Vorschein. Die Blüten haben einen Durchmesser von 2 cm. Sie erblühen im Frühjahr, je nach Art in den Farben Rosa, Blassrosa und Violett. Die Vermehrung erfolgt im Frühjahr durch Ausbringen der Samen auf sehr leichtes Substrat aus Flusssand. Es ist unbedingt zu beachten, dass diese Pflanzen keine übermäßige Feuchtigkeit vertragen und nur selten gegossen werden dürfen.

▲ *Faucaria tuberculosa* braucht gut durchlässigen Boden.

► Rechte Seite: Aus den unscheinbaren *Fenestraria rhopalophylla* subsp. *aurantiaca* wachsen prächtige Blüten empor.

▼ *Lampranthus coccineus* wächst auf felsigem Grund.

Die halbrobusten Gattungen

Bei bestimmten halbrobusten Gattungen, die im Pariser Becken im Sommer und an der Côte d'Azur ganzjährig im Freien wachsen, handelt es sich nicht im strengen Sinn um Lebende Steine.

Vor allem die Gattung *Lampranthus*, mit zylindrischen oder dreieckigen Blättern, gelangt in der Sonne zu wunderbarer üppiger Blüte.

Glossar

Ableger: Kleine Triebe, die meist am Fuß der Mutterpflanze entstehen.

Behaarung: Findet man bei manchen Blattflächen von Sukkulenten. Sie kann aus feinen oder verfilzten kurzen Härchen in je nach Art unterschiedlichen Farben bestehen.

Blütenstand: Art und Weise, wie die Blüten einer Pflanze angeordnet sind.

Dornen: Umgewandelte Blätter oder Blattteile, Sprossachsen, seltener Wurzeln. Dient bei Pflanzen in Trockengebieten der Oberflächenverkleinerung und dem Schutz vor Tierfraß.

Endemisch: Das natürliche Auftreten einer Art beschränkt sich auf nur einen bestimmten Ort.

Epicactus: Kakteenhybride, die wegen ihrer prächtigen Blüten aus Epiphyten gezüchtet wurde.

Epidermis: Oberste Haut bzw. Abschlussgewebe des Sprosses.

Epiphyt: Aufsitzer, Bezeichnung für eine Pflanze, die auf einer anderen Pflanze lebt, ohne sich von dieser zu ernähren.

◀ Dieser mediterrane Garten beeindruckt durch das Zusammenspiel der Formen und Farben verschiedener Sukkulenten.

Familie: Gesamtheit der Gattungen, die wegen gemeinsamer Merkmale in einer Gruppe zusammengefasst werden.

Frostempfindlich: Pflanzen, die Temperaturen unter 5 °C nicht vertragen.

Gattung: Zu einer Gattung werden Arten zusammengefasst, die in sehr spezifischen Merkmalen übereinstimmen.

Glochiden: Winzige Stacheln mit kleinen Widerhaken.

Hybride: Pflanze, die aus der Kreuzung von zwei Arten einer Gattung entsteht.

Internodium: Blattfreier Abschnitt zwischen zwei Knoten (Nodien) einer Sprossachse.

In-vitro-Vermehrung: Vermehrungsmethode, die im Labor durchgeführt wird.

Kulturvarietät: (Kultivar) Gezüchtete Pflanzen, die die niedrigste taxonomische Einheit der Kulturpflanzen darstellen. Hierzu zählen auch Sorten, deren Namen hinter dem Artnamen in Sortenzeichen stehen.

Nacktsamer (*Gymnospermen*): Pflanzen, bei denen die Samenanlage nicht in einen Fruchtknoten eingebettet ist.

Nekrose: Absterben von Pflanzengewebe.

Perlit: neutrale Mineralstoffkörner, die manchen Substraten beigegeben werden, um Halt und Durchlüftung zu verbessern.

Pfropfreis: Der zu veredelnde Teil einer Pflanze, der beim Pfropfen auf die Unterlage übertragen wird.

Pfropfunterlage: Der Teil einer Pflanze, der beim Pfropfen die Wurzeln beisteuert.

Puzzolan: Kalkhaltiger Ton vulkanischen Ursprungs; fördert die Dränage.

Spezies: (Art) Gesamtheit der Individuen, die von gemeinsamen Eltern abstammen und gleich aussehen.

Trugdolden: Die Blütenstiele der Einzelblüten gehen nicht, wie bei den Dolden, von demselben Punkt aus.

Turgeszenz: Sättigung von Pflanzengewebe mit Wasser und darin gelösten Nährstoffen.

Xerophyten: Pflanzen, die optimal an trockenes Klima angepasst sind.

Stichwortverzeichnis

In dieser Reihe
ebenfalls erschienen:

Die japanische Bonsai-Kultur erfreut sich auch bei uns immer größerer Beliebtheit. Von der Auswahl des ersten Bäumchens bis zur Züchtung spezieller Arten werden alle Fragen des Bonsai-Liebhabers geklärt: Wie man einen Bonsai pflegt, wann der beste Zeitpunkt für den Schnitt ist, wie man ihn vermehrt und vor Krankheiten schützt.

Alain Barbier · Erika Laïs

Bonsai

Richtig auswählen, schneiden und pflegen

120 Seiten im robusten Flexcover
Format: 15,8 x 24,4 cm
ISBN 3-8112-2606-1